Be the Unicorn

獨角獸習慣

1% 珍稀人才的做事之道

William Vanderbloemen
威廉・范德布洛曼
——著

洪世民
——譯

12 Data-Driven Habits That
Separate the Best Leaders from the Rest

給艾德麗安（Adrienne）
——永遠改變我生命的獨角獸

CONTENTS

前言

研究成功人士不代表自己也能成功。我可以研究高爾夫名將傑克・尼克勞斯（Jack Nicklaus）或老虎・伍茲（Tiger Woods）的揮桿，但我不會因此變成他們。研究麥可・喬丹（Michael Jordan）的扣籃本事也不能教會我如何灌籃。因為有些成功的關鍵就是不可能學會。

但在這本書中，吾友威廉・范德布洛曼不僅研究成功人士，也揭露了他們日常所實踐、引領他們邁向成功的習慣。這些習慣都可以傳授，因此這不只是一本個案研究的書。你正拿著一本邁向不凡成功的手冊——像神話中的獨角獸那樣不凡。這本手冊以「硬資料」為基礎，揭露可以讓你變得有「神話價值」的方法：成就斐然；不可取代。如他所言，他會教你如何成為獨角獸。

威廉的研究和我畢生教授的課題一致，也大致建立於同樣的基礎。真正引人注目的是他找到支持它的數據資料。這就是這本書不同凡響之處：三萬多名第一流的候選人和為期十五年的提問，帶領我們走到這裡。

我並不訝異，當初是好奇促使威廉逐步做成你會在這本書見到的結論。同樣不訝異的是，好奇本身正是獨角獸的十二項特質之一。我相信好奇和問問題能帶你走上最刺激的旅程，所以我鼓勵你保持旺盛的好奇心。問自己：你要怎麼培養自己？問自己：你在這十二個領域，可以用哪些方式成長？

成為獨角獸不是一朝一夕的事，一如其他衡量成功的基準，成為獨角獸不是終點，而是一段旅程。那需要你勤奮不懈，活在當下。那需要你每天刻意努力、全力以赴。我以前說過，但每一天我們不是在準備，就是在補救。我鼓勵你每天聚焦在可以為培養這十二項特質做些什麼，事先做好成為獨角獸的準備。

我曾說，生命中一切美好的事物，都是從挑戰開始。所以，這就是我給你的挑戰：讀這本書、從書中學習、付諸實踐。當你致力於個人轉型，一定會有神奇的事情發生。相信不用多久，你就會是獨角獸了。

《紐約時報》暢銷作家

約翰・麥斯威爾（John C. Maxwell）

序言

適合這份工作的人

獨角獸：令人嚮往但很難找到或得到的事物

你可以卓然出眾。

你可以是那顆星。

你可以一再被人追求，一再中選。

你可以當獨角獸。

我知道這聽起來像個瘋狂的保證。因為現在世上的人口比以往都多，也是史上第一次，職場同時擠了五個世代的人。在這個超連結和社群媒體的時代，人人有擴音器，人人有平臺，而外面喧鬧不休。隨著人工智慧新紀元到來，如果你懷疑自己哪一天（而非是否）會被取代，我不怪你。

我來這裡就是要告訴你，你可以脫穎而出，變得不可取代。因為我已經找到了實現的方法，那是以我事業生涯蒐集到、並研究過的資料為基礎，而現在我就要和你分享。

見證X因子

你曾遇見過這種人嗎——只需一、兩分鐘，你就知道他們與眾不同？知道他們卓然出眾？他們是房間裡的活力來源，擁有點亮周遭環境的火星。他們要成功似乎一點也不困難。我們每個人都被規則綁死，他們卻是例外。對我來說，他們就像中世紀歐洲人幻想的獨角獸。據說獨角獸具有魔力，只要出現在一人面前，就會為大家帶來好運。人人都想親眼目睹獨角獸的丰采。

如果你跟我一樣，當你遇到這樣的人，你會懷疑自己能否變得跟他們一樣。

我真的已經花上一輩子的時間，試著了解是什麼讓這些現代獨角獸如此特別。我已經找到原因了，而更重要的是，我可以把那些教給你。

我憑什麼？

我叫威廉·范德布洛曼。我創立且仍在經營一家高階獵頭公司，並負責找出佼佼者中的佼佼者來獲取報酬。過去十五年來，許多頂尖組織委託我和我的團隊物色頂級人才，我們的職責不是「填補職缺」，而是為我們的客戶尋得下一顆超級巨星——不世之才、輕鬆寫意的領導者、魅力無法擋的領袖、獨角獸。

今天，重複過成千上萬次的經歷，我相當擅長發掘獨角獸了。我見過他們，和他們面談過，比以往都要了解他們。事實上，我不只學會如何發掘，也學到他們擁有哪些共同特質和習慣。而這些我也可以教給你。

這本書並非充斥我的沉思或想像：我以為哪些是討喜的人格特質，想像你可以怎麼脫穎而出。這其實是一本教學指南，根據已獲驗證的資料，教你如何成為贏家。畢竟，過去幾年我都在研究我遇到的獨角獸，探究他們是如何運作。

獨角獸的特質

新冠疫情封城期間，我們的客戶沒幾個在招聘。事實上，幾乎所有客戶都無限期關閉了（據我所知這對小企業不太妙……但那不在本書探討範圍）。這個緩慢的時期給了我時間，而在那段時間，我後退一步，開始嚴肅地問：「獨角獸何以成為獨角獸？」「是什麼讓這些非凡人才脫穎而出？」

我先前擔任過本堂牧師[1]，那時我總是對獨角獸充滿好奇。我會在志工、領導人、在我可以學習的人士之中尋找獨角獸。我服事的教會好多這樣的人，但最令我稱奇的是，我遇到的獨角獸來自各行各業。我一直在找他們的最大公約數，但一直找不到。雖然我們的文化格外重視財富和美貌，但這些並不是共同因素。家庭狀況或教育水準也不是。

敝公司在進行每一次高階獵頭時，都會整理出一份有數百位候選人的資料庫，然後從這份名單中篩選出數十位特別符合資格的人。一鑑定出那一票人，我們就會展開長時間的面談作業，至今我們至少做過三萬次這樣的面談了。我的疑問促使我和我的團隊去探問：「誰是這三萬次面談中的佼佼者？」「他們是怎麼成為佼佼者的？後來誰真的在他們的職務中取得成功？」最重要的是，我們想要知道，這些獨角獸是否有任何共通之處。

我們展開大規模的研究，那時並不確定能否找出任何共同點。結果我們的研究成果一致得令人咋舌，同時也極適合教學。原來，獨角獸沒有共同的生理特徵。他們並非全都臉蛋漂亮、高大英挺或是天生的運動好手，他們共有的，都是可以教導的特質和習慣。

我畢生一直在問的問題成了一項研究，這項研究的成果成了一部指南。它適合你，以及任何想要卓然出眾的人。

咱們入侵法國吧

在職場及人生卓然出眾的人，擁有得償所願，又能同時鼓舞他人的力量。後面我會給你夠多實例，而這裡，為方便上路，我很快提出一個虛構的例子：Apple

1 被任命為牧師的專業基督教神職人員，負責執行禮拜儀式、聖禮、講道，以及集會會眾的教牧責任。

TV的影集《泰德·拉索：錯棚教練趣事多》（*Ted Lasso*）。球隊老闆麗貝卡·韋爾頓[2]向門生兼朋友姬莉·瓊斯[3]展現她是如何在需要提振自信時，讓自己感覺強大。姬莉的反應是呼吸急促地說：「妳好厲害，咱們入侵法國吧。」我寫這本書的使命就是賦予你成為傑出人士的技能，讓別人像姬莉受到麗貝卡震懾和激勵那樣，敬畏又深獲鼓舞地望著你。

在做了超過三萬次面對面訪談後，我慢慢看出那些技能是什麼。事實證明，成功人士有非常明確的要素——精確說來有十二個。

沒錯，我整個事業生涯都在問的那個問題，這本書就是答案。但這本書不只是一本關於人才和求職的書，這本書旨在探討：如何在擁擠的場域凸顯自己，並像獨角獸一樣脫穎而出。

發現獨角獸

如果你想找一本洞燭機先的商業書，去找傳教士吧。（才怪！）沒錯，我正是從神學院開始，經由一段漫長的路程，才獲得專業知識。我承認，這不是人們期望的資歷。但請聽我把話說完。我相信，在我擔任牧師期間，以及現實人生中，我學到關於人，特別是成功人士的事情，比MBA[4]能教我的多。別誤會我的意思：MBA有許多傑出商業頭腦，我永遠無法望其項背。但如果有一屋子的人無法就如何運用今年捐贈基金的收益取得共識，你不需要懂高級會計學就能使之團結。你也不需要受過六標準差[5]的訓練，就能和悲慟的一家人詳談他們期望怎麼舉行摯愛的葬禮。要決定誰最適合擔任年輕牧師之職，其實跟解讀人心的功力比較有關係，而且遠勝於閱讀試算表的能力。造就這種差異的是人際技巧，而不是可以編寫程式的公式或演算法。我們已經有機器在做那些事，為何不讓我們人類去做我們最擅長的事呢？我要說的是，說到卓越，特別是職場上的出類拔萃，也許，往不同的地方尋找解決方案的時候到了。

2 漢娜．衛丁漢（Hannah Waddingham）飾。
3 茱諾．譚波兒（Juno Temple）飾。
4 Master of Business Administration，MBA。又稱工商管理碩士、經營管理碩士，是商學院或管理學院為培養能夠勝任企業經營與管理工作的人才而設置的專業學位，提供商學相關領域課程給大學畢業和在職人士進修。
5 Six Sigma，又稱作「六西格瑪」，用於流程改善的工具與程序，是商業管理的戰略之一，於一九八六年由美國的摩托羅拉創立。

「軟」技巧的「硬」道理

沒有哪一份職業比我的專業領域：牧師和非營利工作更需要擅長軟技巧和人際技巧了。請回想前一次你捐款給某個非營利組織的時候，那純粹是因為你相信該組織的理念嗎？我敢說，在你作決定的時候，有一位該組織出身、饒富魅力的優秀人物曾助你一臂之力。也請回想前一次參加婚禮或葬禮的時候，在那些好不歡樂或痛苦不堪的日子，牧師、祭司，或其他精神領袖，可能成就、也可能糟蹋每個人的體驗。但我們在本身研究調查中鑑定出的特質，不限於在宗教相關組織工作的人。要在任何領域、任何事業獲得成功，軟技巧皆不可或缺；所有類型的領導人，都能獲益於接下來的課題。

想活命就跟我走

不想洩露年齡，但電影《魔鬼終結者》（*The Terminator*）對我的成長起了形塑作用，而現在看來，這部科幻片逼近現實到令人驚恐。機器可能尚未掌控世界、追殺人類、創造史上最具代表性的名言，但它們正在接管工作。而不管有沒有很酷的摩托車，它們的速度看來只會愈來愈快。

好，也許「想活命就跟我走」[6]極端了點。讓我們改說：「想成功，就跟我走。」事實是，專家預測所有產業不出十年就會幾乎完全自動化了。醫療、農業、各工業部門，預計都可能受到ＡＩ接管的重擊。當然，對我們人類而言，前途並非完全黯淡無光：我們在這些產業失去的工作，將在技術和機器人領域找回來。

無論如何，機器人確實在疫情期間幫了我們大忙。當雇主急著尋找不會生病或傳播感染的勞動力，ＡＩ就在那裡。於是，經濟學家估計在疫情期間失去的工作，有42％回不去了。

自古以來，我們一直在害怕創新和技術發展——但擔心這些十之八九是錯的。我相信你一定讀過前人對技術發展的一些反應，而忍不住咯咯竊笑。當我們為技術「接管」我們的工作或「取代」我們而發愁，我們就跟當年批評蒸汽火車的人一樣蠢：那些人確信女人的身體絕對無法以高達每小時三十哩的速度安全地行

6 《魔鬼終結者２：審判日》的著名臺詞：「想活命就跟我走！」（Come with me if you want to live.）

進。盧德分子[7]錯了，我們也錯了。AI不是世界末日，而是演化的契機。

彭博社（Bloomberg）推測，未來將有一億兩千萬份工作會轉交給AI，所以對那一億兩千萬失業的人來說，哎呀，是回學校的時候了！如果不回學校，就是該去了解機器不能（或還不能）做什麼的時候了。固然有些工作將步入旅行社的後塵，那也代表前方有巨大的就業成長，也有人類在AI無法涉足的市場，重新定義價值的機會。最重要的價值是什麼？軟技巧。

我們三萬場面談每一場結束後，我都會跟我的團隊坐下來，凸顯每一位候選人的最佳特色。最後，我開始在那些佼佼者身上見到同一種模式。最好的面談有哪些共通點呢？那些人展現了哪些讓他們脫穎而出的特徵呢？沒錯：軟技巧。

這裡愈來愈擠了

其實不僅是科技接管了工作，職場裡的工作者也比過去更多。在我坐下來寫這本書的時候，我們才正走出「大辭職」[8]。不是要老王賣瓜，但范德布洛曼真的比眾人更早預測出這波大辭職潮。我們看到它出現，而現在我們預見了接下來會發生什麼事。不用多久，多數離開工作的人會想找工作，甚至回到他們之前的工作。而在那一天到來時，人必須比以往更卓然出眾才行。

所以，你提升軟技巧之後會是什麼模樣呢？成為卓然出眾的一員又是什麼模樣呢？關於軟技巧，我們發現最有趣的事情是：每一種技巧都可以培養，都可以精進。

奧運短跑選手速度奇快。我們多數人永遠無法訓練得像他們那麼快。儘管我很想贏得ＮＢＡ灌籃大賽，我卻非常確定，一個身高約一百七十五公分、彈跳能力平平的人，就是不可能贏得那項競賽。某些技能，不是每個人都能變得傑出，但我們可以變得更好，發揮我們最高的潛力。

反觀獨角獸擁有的技能組合，是可以學習的。我們在研究中發現，那些人物擁有的技巧，是任何人都可以培養的。

這就是我對這本書如此興奮的原因。面試比較不看能力，而更重視軟技巧和

7 Luddites，十九世紀英國民間反對工業革命，尤其是紡織工業化的社會運動者。之後泛指反對新科技的人。

8 Great Resignation，美國發生的經濟趨勢，從二〇二一年初新冠肺炎大流行開始，員工集體自願辭職。常見原因包括實質薪資停滯、發展機會受限、工作環境不佳等等。

文化契合度的那一天，即將來臨。

軟技巧勝

我一直對這一點深感訝異：每當我們進行研究調查，來到最後二選一時，贏得工作的那個人總是——如我一位資深顧問所言——跟別人互動比較好的那一位。

我希望你能花點時間慢慢讀這本書。我們在獨角獸身上見到的每一種軟技巧，我都努力詳盡描述。但我也在最後留下提問的空間。這本書不只是一篇敘事，也不只是科學研究。但願它可以做為一本手冊。但願它是一部指南，讓你可以按部就班照著做，成為脫穎而出的人士之一。

這是一個美麗新世界，而脫穎而出比以往都來得重要。所幸，這是你辦得到的事。讓我們一起走上這段旅程，向獨角獸學習吧。這可能永遠改變你的人生。

1・迅速反應

The Fast

個案研究：迅速反應的獨角獸

布雷克・麥考斯基[9]一秒也不耽擱。他一生都讓速度帶領他，驅策他從一個機會趕往下一個。當他的大學網球生涯因傷終止，麥考斯基便離開學校、做起洗衣店生意，獲得成功。然後他搬到納什維爾[10]，創立一家媒體公司。麥考斯基媒體（Mycoskie Media）比簡單洗衣店（EZ Laundry）成功得更快。從一項成就跳到下一項成就後，麥考斯基和妹妹一起上了CBS的《驚險大挑戰》（*The Amazing Race*），在我看來，這個真人競賽節目根本是為這位急速前進的創業家量身打造。不管麥考斯基做什麼事，他都是盡快做好。更多機會與成功接踵而至，二〇〇六年，麥考斯基創立現在眾所皆知的Toms鞋品（Toms Shoes），也是全球最早和最成功的社會企業。無法滿足於放慢腳步，今天麥考斯基仍在調查新的企業，仍在全速尋找下一個「大物」[11]，當然是為他自己，但也敏銳地著眼於他的下一項創舉能為世界做些什麼。

很多人說，我們要在生命某個時刻「冷處理」。不要接受第一個提案；等個幾天再回電話、簡訊，或不管什麼有求於你的人；拋竿，讓魚在餌上逗留一會兒再捲回來。過於熱心的樣子會減損你的地位，對吧？不對。

速度快的贏。

獨角獸明白這點。雖然有很多格言警告你欲速則不達，但有更多箴言力勸你在機會敲門的那一刻使勁把門推開。我們活在一個凡事都要隨需供應[12]的時代，如果我們自己有某些能力卻無法立刻視需要提供，我們就輸了。我們因此失去完成更多、成為更多的機會，因為：反應時間很重要。

我們知道什麼？

好，所以要「及時反應」。沒錯吧？沒錯。雖然這乍看之下易如反掌——也

9 Blake Mycoskie，一九七六～，美國企業家、作家和慈善家，創立 Toms Shoes 鞋品公司。
10 Nashville，美國田納西州首府。
11 源自日文漢字，指實力雄厚的即戰力新人。
12 on-demand，指透過行動網路等科技，達到即時、便利又快速的創新虛實整合服務。

的確是十二項特質中最容易的——但其實比聽起來難。快速行動未必是我們的天性，尤其是我們害怕的時候。

快令人提心吊膽

「率先吃下牡蠣的人是勇者。」喬納森・史威夫特[13]寫道。「快」常與「先」密不可分，而「先」要面對很多風險。耐心等，看第一個人會發生什麼事，再對我們沒把握的機會採取行動，是舒服得多的做法。「不確定」會讓我們的大腦備受煎熬，畢竟大腦的演化是為了讓我們能夠好好活著。我們的大腦警覺性很高，永遠在試著猜測接下來會發生什麼事，好讓我們的身體隨時準備做出能維護我們安全的反應。不知道接下來會發生什麼事，我們就無法擬定計畫；無法擬定計畫，我們就可能喪命。（無可否認，這點對我們得摸黑冒險出洞穴的祖先真實得多，但有些習慣不容易撼動。很難證明反過來才正確；我們無法一直說服大腦我們出去不會被劍齒虎吃掉。）對早期人類而言，等別人先離開洞穴是有道理的。時至今日，我們的大腦仍在做這件事來避免我們受到傷害。當主管要團隊「有話直說」，你的大腦叫你讓人資部的吉姆先說，你再依照他的說法擬定你的答覆。

我們的大腦也天生傾向拖延，不過原因沒有「讓這個人活著」那麼高尚。那是因為我們的邊緣系統（limbic system，大腦的愉悅中心——哇，來玩吧！）比我們的前額葉皮質（prefrontal cortex，大腦做計畫的部分）強大得多，通常會贏。任務可以等明天再說。

快訊：拖延（procrastinate）這個詞源自拉丁文的「crastina」，字面意義就是「明天」。

迅速反應不等於答應

在成為一個迅速反應者的路上，有許多關於演化及神經科學的事情值得學習和拋棄。不過記得這點很重要：迅速反應不代表凡事都說「好」。它的意思是分辨（要快！）什麼需要立即反應，什麼不需要。

13 Jonathan Swift，一六六七～一七四五，愛爾蘭諷刺文學作家，以《格列佛遊記》聞名於世。

新創的世界有句警語：慎防搗亂偽裝成機會。你可能得受過扎實訓練，外加一些嘗試錯誤才能明白搗亂和機會之間的差異，但只要勤加練習，你一定會進步的。我會在這一章的尾聲，給你一些分辨搗亂與機會的秘訣。

冒點風險是值得的（通常啦）

我跑步。說得更精確些，我慢跑。我慢跑的理由稀鬆平常：清理我的腦袋、提振我的活力，而我從未遇過哪種健身技巧，是我不想帶出去試一試的。這些年來，我發現最能預測我當天會不會真的出門跑步的指標，是我有沒有在得到第一次機會時就去跑。若我告訴自己晚點再跑，「晚點」大概就不會來了。我會坐下來，開始瀏覽社群媒體，這下就完了：我又在邊緣系統「勝」的欄位打勾了。

能夠叫邊緣系統安靜下來——就算它謊稱工作做完就會去跑步，懇求你去茶水間看看有沒有甜甜圈——現在就去做你之後八成不會去做的事，是獨角獸最好的選擇，和最優良的習慣。

當我們看到一個我們認為對我們有利的機會而備感興奮，就會產生趕快行動的衝動。在這個例子裡，不需要等人資部的吉姆先當烈士！這樣的情況你遇過幾次？你在某間店愛上某件商品。也許是你知道跟你是天作之合的那雙鞋；也許是你找了一輩子的那支錶；也許是最新款、桿身是日本藤倉[14]製造的高拉球桿[15]，你百分之百確定那能助你在退休後打進長春巡迴賽[16]。那件商品是什麼無關緊要。你愛它，你要它，你今天就要買。你交出你的信用卡，叫店員把它包起來。然後店員讓你心碎了：你正在看的商品只作展示用。本店沒有存貨了。你得等兩、三天，貨才能調過來。現在他們是要先幫你刷卡，等貨到時再打電話給你嗎？

不了。魔咒早已破除，前額葉皮質已經帶著所有「買它不是好主意」的理由介入了。那件商品已失去魅力，突然間，這天又是個平凡的星期六，平凡的購物日了。你的邊緣系統建議你，還是去吃 Cinnabon[17]吧。

14 Fujikura，知名球桿桿身製造商，舊名「藤倉橡膠工業」。擅長橡膠薄膜成型技術，其開發用於高爾夫球桿的橡膠可獲得柔軟的擊球感，並使桿身的回彈控制更準確，讓選手打出想要的桿身表現。

15 用來打出「高拉球」（high draw）的球桿。「高拉球」為高爾夫術語，用來描述一種球的飛行軌跡和旋轉方式。這種擊球方式會讓球飛行的高度較高，同時帶有一定的左旋（對於右手球員而言）。

16 冠軍巡迴賽是美巡賽官方主掌的三大巡迴賽之一，規定選手在參加正式第一場比賽前要滿五十歲才具備資格。

17 美國知名肉桂卷連鎖店，通常設於購物中心、機場等人潮眾多之地。

其他時間都不像現在

業務員比誰都清楚反應時間有多重要。如果你現在不能為客戶效勞，就不用多費心機了。統計數據支持這點。二〇二一年一項研究檢視了超過五百七十萬名潛在客戶，判定其中哪些最可能轉變成客戶。答案：銷售人員在五分鐘內回應的潛在客戶。如果那些潛在客戶沒有在五分鐘內獲得關照，他們變成客戶的機會就會暴跌八倍。

只要五分鐘，你就很可能錯失許多潛在營收。這讓你蹙眉了，對吧？好消息是，我們都知道如何避免這種營收出走。但令人吃驚的消息是，很少人真的會採取行動。但不是你，不再是你，因為：你會變成迅速反應者。

為什麼招聘經理愛迅速反應者？

迅速反應者是招聘經理的夢想。迅速反應者反應迅速，很快就進行

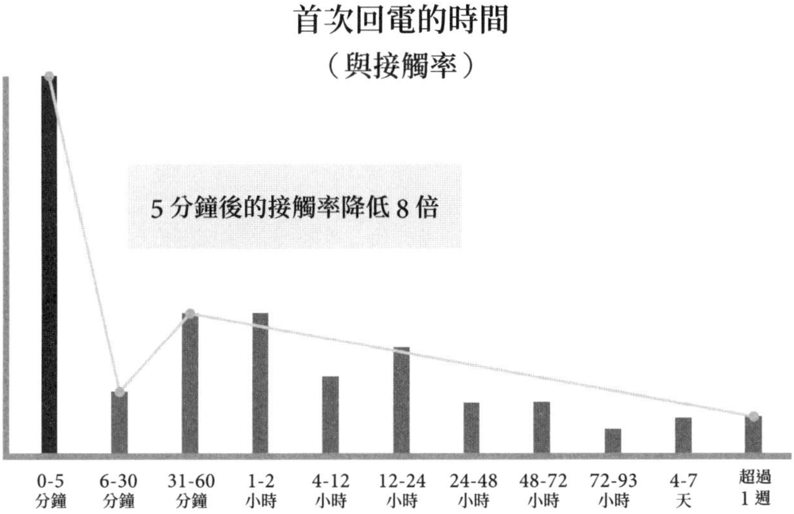
首次回電的時間
（與接觸率）
5 分鐘後的接觸率降低 8 倍
0-5 分鐘
6-30 分鐘
31-60 分鐘
1-2 小時
4-12 小時
12-24 小時
24-48 小時
48-72 小時
72-93 小時
4-7 天
超過 1 週

接下來的步驟。毫不猶豫：任何燙手山芋都能迅速有效地處理。迅速反應者會按時完成書面作業。迅速反應者會得到面試機會，然後拿到聘書。

在職場培養迅速反應的秘訣：

- 說清楚：快速的反應時間符合公司價值。
- 提供加快反應的誘因。
- 設定快而可達成的期限；沒有人需要一個月來做福利登記。
- 下次要聘人時試試范德布洛曼的「迅速反應測驗」。

誰是迅速反應者？林－曼努爾．米蘭達[18]

百老匯音樂劇《漢密爾頓》（*Hamilton*）的創作者兼主角是我所知的迅速反應者的典範。他在吉姆．法倫（Jimmy Fallon）節目上表演的「花式之輪」（Wheel of Freestyle）——隨機拿到三個詞，立刻創作一段包含那三個詞的花式饒舌——就常令我震驚。他顯然天賦異稟，而他的天賦起碼有一部分和速度的才能有關。林—曼努爾．米蘭達不僅思考敏捷，也行動迅速。多年來，包括他最多一週八次登臺主演《漢密爾頓》的時期，他每天早晚都會在 Twitter 發表愛和鼓勵的想法，深思熟慮而不冗長。瑪莉亞颶風[19]災情一傳出，他立刻跳入協助波多黎各民眾的行動。林—曼努爾．米蘭達似乎不會想太多。他確信自己會做出對的事，或是能奏效的事，便放手去做。

我們看到什麼？

在商場和人際關係上，反應迅速幾乎都會獲得回報。

18 Lin-Manuel Miranda，一九八〇～，美國作曲家、演員、劇作家、製片人及導演，以創作並主演百老匯音樂劇《紐約高地》及《漢密爾頓》而聞名。

19 Hurricane Maria，二〇一七年大西洋颶風季第十五個熱帶氣旋，也是當年北大西洋第七個颶風、第二個五級颶風，並對波多黎各等多個國家造成嚴重災情。

我還是年輕的主任牧師時，因為我們的新教堂還在蓋，我們得另外找地方做禮拜。教會一位長者載我到處探勘場地。就在我們買來建教堂的土地對面，有一間ＹＭＣＡ（基督教青年會），星期天上午無人使用。

那位董事對我說：「我認識ＹＭＣＡ的董事長。我給你他的電話。你可以打電話問問我們星期天上午能不能用那裡的場地。」

我謝過他，開始聊別的話題。回到辦公室後，他聽我跟別的同事聊了一、兩分鐘，便打斷我。他看著我的眼睛，問：「你什麼時候才要打電話給ＹＭＣＡ董事長？」

「我等一下就會搞定。」我說。老實說，我有點不高興。我已經拿到電話號碼，說我會打給他了。他不需要這樣緊迫盯人。這個「機會」感覺更像搗亂了。

他的反應呢？「你為什麼不馬上打給他？」他繼續說。「就我所學到的，如果我有時間馬上處理某件事，那通常是完成事情的最佳時機。」

他當然是對的。此後，我也一再見到動作快、反應快的候選人，就是行動迅速、完成任務的候選人。

迅速反應是成功的一大指標

從我們在范德布洛曼的經驗來看，我們主動接觸的候選人都很慢回應。這類潛在客戶的平均反應時間超過兩天。至於（一）已經在我們雷達上；（二）已表達有意找新工作；且（三）已主動開始搜尋的應徵者，平均反應時間還是很慢，通常要一個工作日左右。

當我們透過簡訊、email、電話或 LinkedIn 接觸一名候選人，如果我們不到一分鐘就收到回應，那仍會引來辦公室所有同仁側目。

在一分鐘內回應的候選人不到1%。在一分鐘內回應的候選人會平步青雲。這不是巧合，我們的經驗顯示，那立刻回應的1%都會在崗位待最久——暗示工作滿意度——且被同事評為「價值極高」。

做迅速反應的接收端：范德布洛曼簡訊測驗

拜速度所賜，媒介即訊息。有排山倒海的證據顯示文字簡訊是抵達準客戶內心——或起碼可以說意識——的最快方式。大部分的文字簡訊會在三分鐘內讀取。

而因為使用起來方便，多數簡訊會很快獲得回應。

在范德布洛曼，我們也使用這個數據做為探查候選人是否適合我們的依據。可能有人會叫它「邊界誘捕」[20]，不過我們喜歡稱之為「把我們的價值觀注入現實生活的情境，看看會發生什麼事。」以下就是我們算不上秘密的「簡訊測驗」。

在我們調查一位新應徵者時，他很可能會收到我們團隊某位成員發出的訊息——不見得是當初面試他們的人——而是曾經和他們說過話的人。他們可能會在深夜收到簡訊，可能晚上十點半左右。訊息可能是某個奇怪的問題，例如：「好，太空人隊在明星賽前就超過五十勝了，你知道有幾隊在明星賽前拿到五十勝的，也贏得世界大賽嗎？」

如果他們不知道答案，那不代表他們會失去工作。但如果他們在一分鐘以內回訊，說：「哈哈，我也喜歡太空人欸。」那他們就會拿到一分重大的獎勵積分（因為喜歡太空人），且因為在一分鐘內回覆，再拿到一分——符合反應快到荒謬的概念。如果他們的回覆像這樣：「噢，我查了一下，只有三隊在明星賽拿到五十勝。遊騎兵兩次，太空人一次。太空人砸掉了世界大賽，而遊騎兵兩次都贏。」那我知道：（一）他們的反應快到荒謬；（二）他們讓我「哇！」了一聲；（三）

他們展現了解決問題的能耐；（四）他們展現了具感染力的幽默，因為他們偷臭了太空人，而這點我們覺得無礙！

回覆深夜簡訊，這聽起來簡單，但對我們的招募者而言，卻透露了很多端倪。不過，既然我把故事說出來了，測驗也被我毀掉了……

我們不會告訴人們這些小測驗是面試的一部分，如果他們通過考驗，我們會告知：「請注意，我們在下班時間有通訊守則。不是要你整天二十四小時隨時待命，但如果你收到email，請在你下一次上電腦時回覆，二十四小時內回覆。如果你下班後收到簡訊，請立刻回覆。如果你接到電話，請接聽。如果那會把你逼瘋，那我們想立刻進行測試。」

簡訊測驗是我們預測候選人成就最好也最簡單的工具。

來自獨角獸的報告

當我們請獨角獸資料庫的人才參與我們的調查時，只有2.6%認為「迅速反應」

20 borderline entrapment，意指某人無意或有意地將另一個人引導到一個情感困境中，使得該人無法逃脫或解決衝突。這種情境可能會導致一方不斷處於「邊緣」的狀態，無法得到健康的情感滿足，並可能強化他們的情感不穩定性或對他人的依賴。

是他們最好的特質。不過，我仍在從那2.6％身上發掘許多能揭露迅速反應者內心世界的事實。

這點或許不令人驚訝：許多迅速反應者都將其速度歸功於軍事背景——迅速反應常攸關生死。他們會把那種急迫感帶回家，應用在個人生活和職場。

提摩西（Timothy C.）告訴我們：「我動作快要感謝我的陸軍和陸軍航空背景，兩者都需要迅速評估情勢和立刻作決定的技能。在戰鬥或飛行時，這都是獲致成功的必備技能。」

「作決定！」派崔斯（Patrice M.）說。「趕快蒐集必要的資訊，作決定，知道我們永遠不可能擁有完整的資訊；不可能什麼都知道。要果斷。要承擔，要前進。不願承擔，加上害怕失敗，會使很多居領導職的人動彈不得。不，不是每個決定都會是好決定，但寧可早點失敗，記取教訓。」

「在美國海軍服役十一年，升到士官長，我學會正確但也夠快速地在短時間內完成大量工作，同時充分運用底下所有人手。」傑克（Jack J.）這麼說。「我每天就寢前都要列出隔天、下星期、下個月等等的待辦事項，並照手冊要求反覆核對，為底下每一個人，包括我自己製作表單。我會回頭核對清單，確定一切工作都正確且有效率地完成。今天我即便轉換事業跑道，仍在做這件事。」

我們怎麼做？

有些迅速反應者是自然養成迅速反應的習慣，我們其他人，就得一輩子琢磨這個技巧了。

若你是天生就有這個習慣，你會知道的。甚至在你明白之前，你爸媽就知道了。內人與我都是天生快速反應、立刻行動派。我們生了一個小孩。大家都很好奇威廉（William）和艾德麗安（Adrienne）的基因會混出什麼成品。混出的成品是我們的女兒瑪西（Macy）。

瑪西才開始講話。但她不是先說出一個字，而是一開口就講出一句話。一天早上，她在她其中一張彈跳椅彈上彈下，望著房間對面一個她想要的玩具。她轉頭看著我說：「去做！」

我大笑，幫她拿來玩具。我猜，Nike的口號「做就對了」（Just do it）對瑪西來說太長了？她是肩負使命的女孩，而保留「就對了」顯然會花太多時間。從那時起，她就展現了不可思議的反應敏捷度。

如果你不像瑪西那樣有天賦和教養為你效力，別擔心。我們可以幫助你成為絕頂迅速反應高手，讓快捷業務公司都想禮聘你去開大師課程。

請你這麼做

在高爾夫球界，速度當道。質量（mass）固然重要，但速度正如日中天。如果你開球想開得遠，就必須你將施加於球上的力量極大化。要做到這點，設計師和物理學家正提出新穎而有創意的方法來讓你的桿頭速度臻於理想。

影響深遠的趣聞：打高爾夫球時，你的揮桿速度每增加一哩／小時，擊球距離會增加三碼以上。

運動訓練師提醒我們，我們的身體必須鍛鍊速度，否則速度就會隨年紀減退。速度是我們生命「用進廢退」的層面。如果你不練習動作快，就可以跟它吻別了。日常生活的反應時間也是如此。

速度的障礙……如何突破

有兩件事物可能阻止你發揮迅速反應的潛力：

- 未得到機會
- 恐懼

機會：如果你從來沒有收到那個訊息，自然就無法快速回應。也許你的手機在別的房間充電，也許你從不查看email，也許你在數位世界唯一的存在還是你二〇〇四年設的MySpace帳戶[21]。現在，我們不是說你必須面面俱到，隨時在任何地方出沒，而是你的確需要先讓訊息和機會找到你。雖然這些不見得是我的菜，但快樂的媒介確實存在。如果你覺得你沒辦法快速回覆電話、簡訊或email，就設定自動回覆吧。這樣你就可以擁有自己的時間，而不致錯失良機。

有時機會就在那裡，它已經找到你。也許你已經聽到手機有訊息進來，也許

21 二〇〇三年創立於美國的一個社群網路服務網站，提供人際互動、使用者自訂的朋友網路、個人檔案頁面、部落格、群組、相片、音樂和影片的分享與存放。

你正坐在魔術表演的觀眾席，而魔術師正直直指著你。恐懼就是趁這時入侵。

如同我前面所說，迅速反應不是什麼都說「好」（魔術師大可另外找人讓他鋸成兩半。不用了，謝謝），而是要迅速決定你的答覆，因為恐懼可能會使你癱瘓而無法作成決定。

要做出最快的回應，該考慮的問題是：這是擾亂還是機會？我說過我會回來教你一些判定哪個是哪個的秘訣！下一次當你不太確定的時候，不妨查查這張表：

擾亂	機會
不會讓你更接近目標	讓你更接近目標
你的邊緣系統會說：「哎呀，好吧。」	你整個大腦都同意
會耗費一些不值得的時間／金錢／資源	產生的結果值得你為它所做的犧牲

你會想太多嗎？恐懼喜歡讓你想太多。多想一下比較安全，對吧？多想一下，比較可能得到正確的答案，或想出所有可能的情境。「思考」彌足珍貴，想太多則不然。我很喜歡的一些人士會想太多。他們從事的工作要深思熟慮，不容瑕疵。他們付出大量心力，在意受眾會如何詮釋他們的回應。可惜，如果你需要在第一天的第一小時內得到肯定或否定，他們三天後才寄出的email，刻劃得再美也沒用。

你會想太多嗎？不妨問自己這些問題：

- 我是在回覆國家元首嗎？我的回應需要無懈可擊嗎？多數人只會看表面的意思，不會深究。而坦白說，我們多數人並沒有偉大到需要完美的回應。好的文法和拼字固然重要，但如果你這三句話的簡訊是要給《紐約時報》的總編輯審核，請就此打住，寄出去吧。這樣並無大礙。
- 我花在這個回覆上的時間，遠多於它的重要性嗎？
- 我想太多了嗎？如果你這樣問了，那麼沒錯，你想太多了。
- 這個不可逆的行動可能對我的世代子孫造成深遠影響嗎？或者那只是你的午餐點單？

● 我這是明智還是害怕呢？我是有時間和空間慢慢回應。（威廉・康格里夫[22]的「結婚太急，後悔莫及」〔Marry in haste, repent at leisure〕浮現腦海。）但那些時間和空間太珍貴了。現在就回覆，邁向下一個機會吧。

速度來自自信

蜜雪兒（Michelle L.）告訴我們，自信是快速反應的關鍵。「我是單親媽媽拉拔長大的。她要我做家事，而且要在時限內完成。她不會緊迫盯人，我們會在過程中一路作決定。這給予我們完成事情的信心。身為領導人，遇到問題，我一蒐集到適當的資訊就會作決定，事後不會批評自己。沒有必要追求完美。有時你會失敗，那就記取教訓，繼續前進。沒什麼是你恢復不過來的。」

迅速反應的重點

- 我們的大腦不見得希望我們快一點。
- 我們需要學習何時該快點行動。

■在事業與人際關係上，反應快速十之八九有益。

■新的開球桿未必能讓你的球技更高竿，但也說不定可以。

■速度需要練習。

22 William Congreve，一六七〇～一七二九，英國復辟時期劇作家，以諷刺的對話著稱，名作包括《老光棍》（*The Old Bachelor*）、《如此世道》（*The Way of the World*）等。

2・真誠

The
Authentic

個案研究：真誠的獨角獸

華倫．巴菲特[23]是真誠領導的典範，而針對這個主題，他也有夠多金句足以填滿基威特廣場[24]。其中包括：「建立聲譽需要二十年，毀掉聲譽只需五分鐘。如果你能想到這點，做起事來就會不一樣。」巴菲特能成為巴菲特——在這本書出版之際，是世界第五大富翁——部分該歸功於他恪守真誠。他一再說到和寫到承認錯誤的重要。（雖然他也有這麼一句名言說，從別人的錯誤中學習更好。）華倫．巴菲特說，偉大的領導人願意「承認過錯，並邀請別人一起這麼做。」雖然他想要塑造什麼形象都沒問題，巴菲特卻透過完完全全地做自己來尋得成功、平靜和天職。

生活在Google的年代，代表一切無所遁形。不管你有什麼秘密，一定會被揭露。你做過的承諾是否兌現，早晚會被查出。真誠正快速成為區分最佳求職者和其他人的要素。所以，要怎麼一邊培養真誠、透明的自我，又通情達理，且維護隱私呢？這一章將告訴你如何建立透明與信任，並解釋為什麼這能助你脫穎而出。

我們知道什麼？

「我在線上酷得多。」這句出自一首老鄉村民謠的歌詞，[25]現在又比以前更貼切了。圖片修過。現實編造過。有無限多種ＩＧ濾鏡、軟體和隔離的世界，要在線上看起來比實際更出色，確實容易得多。但那些可以在工作上，以及展現自己的方式上培養出真誠能力的人，既稀有，又有高度需求。

真誠的事實：據估計，有八成的人在線上約會的個人檔案上撒謊。去那裡要當心哪！

23 Warren Buffett，一九三〇～，美國投資家、企業家及慈善家，被譽為世界上最成功的投資人。

24 Kiewit Plaza，現名「黑石廣場」（Blackstone Plaza），位於內布拉斯加州歐哈瑪市，為巴菲特旗下公司的所在地。

25 出自布萊德・派斯里（Brad Douglas Paisley）二〇〇七年的歌曲〈線上〉（Online）。

弄假直到成真，或者不

如《大西洋》雜誌（*Atlantic*）的德瑞克．湯普森（Derek Thompson）指出：如果你在 Casper 床墊上醒來、用 Peloton[26] 健身、叫 Uber 去 WeWork[27]、午餐叫 DoorDash[28] 送，搭 Lyft[29] 回家、晚上透過 Postmates[30] 點餐，這時發現你的伴侶已經開始吃 Blue Apron 快煮餐[31] 了，那麼府上這天一共和八家不賺錢的公司互動；不僅不賺錢，還在一年內一共賠了大約一百五十億美元。

過去十年來，我們已經在這些一點也不真誠的公司——和人身上——投資了好幾百億。這些巧言令色、舌粲蓮花的公司獲得青睞，就算他們其實不具有他們所說的價值。我們搭上那波浪潮，然後跟著它來到它造就的紀錄片和電影：《新創玩家》[32]、《創造安娜》[33]、《新創大騙局》[34]。我還能說什麼？人們就是喜歡看暴起暴落。

炫酷對短跑衝刺很讚，但如果你想贏得馬拉松，你需要誠以待人。

我們為什麼受真誠吸引？

我們害怕真誠，是因為我們活在一個看來如此炫目的文化裡！不管我們在線上分享什麼，我們都要琢磨、要修飾、要用濾鏡讓我們看起來跟模特兒一樣。人豈會想分享不是最好的自己？

這或許適用於我們個人，但文化正在轉變，而如果你上過社群媒體，你應該

26 目前全球最大的互動健身平臺，最有名的產品就是賣高價家用健身自行車＋訂閱串流課程。

27 一家美國共用工作空間供應商。

28 一家經營線上食品訂購和食品配送的美國公司。

29 一家美國交通網路公司，以開發行動應用程式連結乘客和司機，以提供租賃、媒合共乘的服務。

30 一家美國的食物外送平臺，已在二〇二〇年被 Uber 買下。

31 Blue Apron 是美國一個訂閱制的料理包外送服務，你可以在網站上挑選喜歡的菜色，下訂之後選好送貨日期，當天就會收到一個大包裹。

32 *We Crashed*，Apple TV+ 影集，改編自真實創業家亞當．諾伊曼（Adam Neumann）創建「WeWork」的興衰故事。

33 *Inventing Anna*，Netflix 改編自真人實事的影集，描述一位二十五歲的德國假名媛是如何騙過眾人、混進紐約上流圈。

34 *The Dropout*，講述伊莉莎白．霍姆斯（Elizabeth Anne Holmes）白手起家創建血液檢查公司 Theranos，成為億萬富翁，最終被揭露為大規模欺詐。

已經注意到了。突然我們看到「真人」示範操作和評論要推銷給我們的商品。那叫「使用者生成內容」（User Generated Content，UGC），而任何「素人」發表評論或演示或幫商品服務「開箱」，都符合這個定義。

這些平凡男女在上最新款的遮瑕膏，或把傳統T恤換成適合「爸氣身材」[35]的款式時，看起來就跟我們一樣。事實上，有時看來比我們還糟。有時當我們見到自己的髮型、體重、外貌優於他們，還會提振一點自我滿意度。嚮往出去了，真誠進來了。對很多品牌而言，嚮往再也起不了作用。真誠正在奪取市占率。

UGC的崛起，我們可以感謝COVID-19。我說真的。《高速企業》[36]在二〇二二年針對這個趨勢做了研究，發現在疫情爆發時，高預算、高規格製作的廣告拍攝都被擱置。在我們等待生活「恢復常態」之際，各品牌發現UGC對消費者的效果更好，因為它真誠且平易近人。對很多品牌來說，再也沒有道理砸幾百萬美金請名人代言，或花大錢找網紅了。

這條真誠的途徑與一個正在興起的消費者行為趨勢密不可分：愈來愈多人甚至在看商品詳情或價格之前先看評論。我們愈來愈仰賴跟我們一樣的素人的真誠意見，來幫助我們依據資訊作購買決定。當我們被「推銷」時，我們察覺得出來，於是我們發現，唯有全天然的口耳相傳才是實話的來源。

品牌還有一個取得真實性（和市占率）的方式是：找個誠摯、討人喜歡的聲音。我們有誰沒有不小心花太多時間在Twitter目睹速食連鎖業者之間的「戰爭」，或只因貼文好笑又切身相關就開始追蹤某個品牌？（我在看你喔，奧克拉荷馬州野生動物部[37]。）當品牌支持消費者認同的價值觀，消費者也會有正面的回應。不妨想想可口可樂的社會影響力，或多芬（Dove）的「真美活動」[38]。

你或許難以置信，但我們確實可以轉化這些對品牌有用的事情，讓它們也為我們效力。承認我們是誰，不要企圖過分推銷，並記得正面評論的價值，這些都是成為獨角獸的關鍵。

35 dad bobs，意指像爸爸一般的身材，如啤酒肚。

36 *Fast Company*，一份美國商業月刊，以紙本和網路形式出版，主要關注技術、商業和設計等領域，目前每年出版八期紙本版雜誌。

37 奧克拉荷馬州野生動物保護部（Oklahoma Department of Wildlife）的社群媒體團隊不拘泥形式，喜歡用幽默的方式貼文，也經常造成病毒式的傳播效果。

38 campaign for real beauty，多芬在二〇〇四年推出的「真美運動」，旨在傳遞美從來不只一種，不要追求別人心中規定的那種美。

誰真誠？格蕾塔・童貝里[39]

不論是亞斯伯格症[40]、青少年的叛逆，或是她對這顆星球的熱愛使然，或者以上皆是，格蕾塔・童貝里總是看到什麼說什麼。而你眼中的童貝里就是真實的她。她直言不諱地抨擊傷害環境的人事物。她痛批航空業對大氣碳負荷的嚴峻影響，所以眾所皆知，她會用對環境損害較小的方式旅行，而這是肩負雙重任務的絕技：她一方面身體力行自己宣揚的理念，一方面揭露，對一般人來說，具環保意識的旅行有多難以達成。格蕾塔・童貝里絕對不會被「爆料」。我們永遠看不到她的另一面，因為她沒有另一面。狗仔隊可以等到天長地久，但他們永遠拍不到格蕾塔・童貝里搭私人噴射機、吃鯨魚，或在院子裡燒一堆廢輪胎的畫面。不管你對她有何觀感，氣候運動人士格蕾塔・童貝里無可否認是真誠的。

我們看到什麼？

我最近和一個我相信很真誠的人一起打高爾夫。我問起他的事業，他告訴我他在 Uber 時可說平步青雲。我問他為什麼離開。他回答：「我被炒了。」真誠得一新耳目。

真誠不代表完美

真誠的關鍵和完美的關鍵不同。事實上，完美可能令人倒盡胃口。

你被開除過嗎？我有。你會承認嗎？我主持面試這麼多年來，都會問這個問題。有多少人會在面試時照實說他們被開除呢？在我的經驗，答案落在0.5％左右。

至於那些坦承不諱的人，我得到形形色色的理由。「我們理念不同。」「公

39 Greta Thunberg，二〇〇三年生，瑞典氣候運動人士，二〇一八年在瑞典議會外發動「氣候大罷課」而聲名大噪，後應邀至聯合國會議及世界經濟論壇發表演說，並獲提名為二〇一九年諾貝爾和平獎候選人。

40 Asperger，一種泛自閉症障礙，其重要特徵是社交困難，伴隨著興趣狹隘及重複特定行為，但相較於其他泛自閉症障礙，仍相對保有語言及認知發展。

司和其他公司合併，產生冗員。」或是我最喜歡的：「我感覺我走到窮途末路了。」也許我會覺得膩，但當我聽到「走到窮途末路」，我真的很想追問那是輕罪還是重罪。

在面試過數萬名應徵者後，我預見一個不同於當下的未來。當下，我們埋藏錯誤，掩蓋掙扎，而我相信我們即將見到真誠的人得到獎勵，且自偽裝的群眾之中脫穎而出。

為什麼招聘經理喜歡真誠的人？

發現你聘用的人表裡不一，是每一名招聘經理的夢魘。工作表現不佳、遲到、不交到職文件：他們有辦法處理這些事情。就是不要造假。造假會造成資源浪費、引來訴訟、害人資作惡夢。

在職場培養真誠的秘訣：

- 塑造它：親身示範。

- 讓你的空間令人放心，務必讓員工明白他們可以做自己，不會秋後算帳（只要尊重他人，「做自己」並不違反任何人資政策）。
- 將真誠導入公司的價值觀。

真誠是說真話，未必要最引人注目

但要說多少呢？家父是北卡羅萊納州的小鎮律師（想想梅布里[41]），幫一個名叫阿莫斯（Amos）、目擊一場車禍的男人做出庭準備。阿莫斯是加油站服務員，在小鎮最忙碌的一區工作——兩條主幹道的交叉路口。那意味路口有四個車道和不只一盞閃光燈。

家父幫阿莫斯準備隔天的審理。阿莫斯是主要證人（他在我家鄉多數車禍案件都是主要證人）。但家父一開始遇上困難。在請阿莫斯演練問題時，他沒辦法讓阿莫斯說些什麼。阿莫斯只是一直說：「我不記得。」

41 Mayberry，為一虛構社區，是美國兩部電視情境喜劇《安迪葛瑞菲斯秀》（*The Andy Griffith Show*）和《梅布里 R.F.D》（*Mayberry R.F.D*）的場景。

就只說這句，反覆地說。家父告訴他，他需要開誠布公。然後阿莫斯開始說個不停，每一個細節都不放過。家父再次喝止他，試著解釋，好的目擊證人要說出你知道的事，但要適量。阿莫斯對家父說：「范德布洛曼先生，讓我看看我是不是真的了解了。你的意思是：『一定要實話實說，但不必一直講、一直講？』」

家父說，這——這一句話——起碼有他在法學院學到的一半了。

坦承失敗

很久以前，有位年長、睿智的恩師告訴我：「人會肯定你的成功，會和你一起嘲笑你的失誤，但他們會因為你如何處理失敗而記得你。」

我記得，在我擔任高階徵才主管之初，曾為一個新教會面試過一位求職的年輕牧師。他應該不超過二十五歲，而我們談得很愉快。他直率、坦白，而且完全沒有我預想的那麼緊張。哎呀，他比年紀大他一倍、資歷比他深一倍的應試者更泰然自若，且充滿自信。

（旁注：我問他要水還是咖啡的時候，他要了咖啡，甚至說他喜歡喝咖啡。多數應試者會禮貌地婉拒。他不怕表現真實的自我。我建議，下次有人問你要喝什麼時，可以如法炮製。如果你身在專業環境，別說你要古典白蘭地就好——除非你的專業環境是在威斯康辛，而且時間已過下午四點半。[42]）

約翰（John）會開玩笑，而且「笑果」很好。當時，跟現在一樣，我在每一場面談結束前都會問某個問題，試著確定應徵者有沒有什麼未來雇主該知道的難言之隱或驚喜。我自己年輕的時候都對那種問題支吾其詞。我記得那時我問他：「你過去是否犯過什麼道德缺失？」

那位年輕的應試者看著我說：「范德布洛曼先生，我犯過道德缺失。」他的答案令我震驚。但他得到那份工作。（別誤會；約翰的「道德缺失」是來自他的神學觀念，即「世人都犯了罪，虧缺了神的榮耀」[43]這種道德缺失觀。就更寬廣的《十誡》和美國法律而言，他清清白白。）

現在，約翰是個了不起的人物，擁有我見過最正直的性格。他永遠努力做對

42 24/7 Wall St. 發布的研究顯示，中西部的威斯康辛州蟬聯全美酗酒之州（drunkest state）榜首，該州25.2％的成年人過度飲酒，比全國水平高出6％，威州35％的致命車禍都與酒精有關，此比率較全美高出9％。

43 語出《羅馬書》（*Romans*）第三章。

的事，奉獻生命在世間創造更多美好。不過，哎呀，在告訴我他有道德缺失後，他又繼續給了我聽過最真誠的答覆。

約翰進大學時，也差不多是網際網路蔚為主流的時候。而當網路蔚為主流，網路上不恰當的內容自然也蔚為主流。我無法想像如果在約翰之前的世世代代都能瀏覽那些不恰當的網站，有多少人會因此陷入麻煩。

約翰剛進大學時，偶然發現一些他不該看的網站。一段時間後，他明白他真的需要告訴他的女友（現在是他的妻子）他的問題。他也尋求諮商。他將這些全盤托出，而我這麼回應：「嗯，那你怎麼處理？」

「我尋求諮商。」

「嗯，什麼樣的諮商呢？」

「我找到一個曾經在海軍陸戰隊當過教育班長的人，」約翰說：「你得申請才能讓他諮商。我申請了，去了第一次會面。他說我們得找我女友一起諮商，而他會幫我連上測謊器，詢問我完整的性史。當著我女友的面。」

約翰誠實得令我瞠目結舌。同時，我也在心裡暗記：絕對不要聘請前海軍陸戰隊員當你的諮商師。

約翰做諮商做了很久。事實上，最後那位諮商師告訴他說他已經沒事，該戒掉諮商了。

約翰展現了從錯誤中學習的出色能力。他也跟一個為他工作的年輕人說，他甚至將他的故事視為自己的一段旅程。對我來說，這成了一個強有力的課題：那些夠勇敢而真誠，那些真正脫穎而出的人，都能夠承受失敗，並將失敗化為成功的樞軸。

人人都會犯錯。真誠的人可以適當地與人分享那些過錯。

來自獨角獸的報告

參與調查的應答者中，有17.36%——所有特質中最高的——回說真誠是他們最大的長處。一如獨角獸的諸多特質，真誠對你的事業生涯有益。同樣地，一如獨角獸的諸多特質，那也對你的個人生活大有幫助。

建立更好的關係

誠以待人能在你的團隊之間建立信心與信任，而根據我們的獨角獸所言，這兩種關係的股票價值不菲。

安迪（Andy P.）說：「我相信真誠是打造團隊最重要的特質之一。真誠能孕育信心，真誠也能孕育信任，因為它幫助你的團隊相信你表裡如一。最近我有位隊友一直達不到她的標準，我需要請她注意這件事，但緊接著我也承認我自己的過錯——未能即時掌控我們的標準。藉此，我要求她達到標準，但也真誠地讓她知道，我也沒做到我該做的。這次互動的結果是她更深切地信任我的領導，對我的領導更有信心。」

「人們渴望能在他們的領導人身上看到真誠，」安潔拉（Angela F.）說。「對我們的優缺點毫不遮掩、開誠布公，有助於搭建橋梁與信任。我們都可以多用一點真誠。」

與人和睦相處也是真誠的附帶好處，莫妮卡（Monique T.）這麼說：「我由衷相信當你真誠待人時，你會得到他人更真的尊重。當我們真誠，我們就能拆掉讓我們難以親近的牆垣。我認為真誠在其他領域也有幫助，特別是在與他人建立連結、發展真正有意義的關係方面。這也會帶給人們安全感，讓他們願意展現真實的自我。」

常公開演說的葛倫（Glenn S.）說，透明坦率有助於建立與觀眾的連結：「那會打開通往真實的關係之門。你表現脆弱，是他人承認失敗的開始，也能幫助他人摘下完美的面具。」

物以類聚，安全相吸

湯瑪斯（Thomas S.）分享了真誠一個較微妙的好處。他說：「真誠會帶來兩大好處：它能吸引志趣相投的人，也會趕走理念不同的人。」

真誠還會帶來心理上的安全感。當你誠以待人，人們知道你是什麼樣的人，以及他們會得到什麼。我們都遇過那種難以揣度的上司，你從不知道他們哪天會在午間披薩派對後放辦公室半天假，或何時會在星期五下午五點半現身，跟你要原訂兩週後才要交的報告。當我們不知道一個人的真實自我，就會感到焦慮不安。

萊安（Leigh Anne B.）說：「我從我的職務學到不論處於何種境地，都要表裡一致的重要性。讓我的團隊成員知道我是誰，知道我的決策過程有一致性，是有幫助的。這代表很多時候他們知道我對情境會作何反應或回應，而這會打造更好的工作團隊。這能將未知數逐出等式，給工作關係帶來更多穩定性。」

「我在生命的每一個領域都活得淋漓盡致——家庭、工作、健身房、教會等等，」荷莉（Holly J.）說：「讓人看到且相信我真實的自我很重要。這能幫助人們感到安全、被看見、能夠做自己。」

莎莉（Sally M.）也見證過一天二十四小時做自己的好處，以及那如何為他人打開真誠之門。「我絕對是那種『你看到什麼就是什麼』的人。我覺得敞開自己、誠懇實在地對人，就算得示弱，也能讓人安心、自在地做他們真正的自己。那不保證人們一定會真誠對你，但我相信有幫助。」

事半功倍

想想下面這些虛構人物：麥可·杜西、單身漢基普及亨利、丹尼爾·希拉德、流亡的芝加哥人喬和傑瑞，以及維歐拉·強生（更為人熟知的名稱是《窈窕淑男》〔*Tootsie*〕、湯姆·漢克〔Tom Hank〕和彼得·史柯拉瑞〔Peter Scolari〕在《親密夥伴》〔*Bosom Buddies*〕的角色、《窈窕奶爸》〔*Mrs. Doubtfire*〕、東尼·柯蒂斯〔Tony Curtis〕和傑克·萊蒙〔Jack Lemmon〕在《熱情如火》〔*Some Like It Hot*〕的角色、亞曼達·拜恩斯〔Amanda Bynes〕在《足球尤物》〔*She's the Man*」的角色。）他們有什麼共通點呢？每個角色都花很多時間和心力隱藏真實的自我。他們的旅程發人深省，感人肺腑又不時惹人發笑？當然，但我從這些故事汲取的唯一道德寓意是：做自己事半功倍，還有，造假一定會被逮。

你絕不會見到布蘭登（Brendan P.）荒唐到隱藏真實的自己：「人們很快就會注意到你前後不一，而前後不一更容易失去可信度，而非建立，」他警告。「只說真話，我們就不必時時記得自己撒過幾個版本的謊，刻意保持一致和真誠，我們就不必牢記自己在不同情境的樣子或表現。這樣容易管理得多，也更容易維護名聲、增進與他人合作的機會。」

克里斯汀（Kristen M.）同意：「做自己真的最好。當你真心誠意，人們通常會原諒你、給你通融。改來改去要花的心力和精神多得多。」

最後，經驗教會法蘭克（Frank A.），真實做自己是唯一的途徑。他說：「身為受過兩次傷的老兵，我明白人生苦短且脆弱。我不會當雙面人，我時時刻刻、分分秒秒都是同一個人。」

我們怎麼做？

不論你的性格怎麼樣，不真誠的日子都難過很多。《創造安娜》是Shondaland製作的熱門影集，也是個警世故事。就算沒那麼魅力四射，做自己也比說服紐約社交圈你是德國繼承人來得好。起碼可免牢獄之災。

范德布洛曼的透明

聽到我們范德布洛曼有多重視透明，你可能不會意外。如果我跟某位同事討論的事情不是機密，我習慣讓所有房門敞開、在走廊或公共空間對話，完全不會小心翼翼怕誰聽到。知道我的團隊可能偶然聽到我說的任何事情，我覺得這樣很不錯。這能建立信心與信任。

如前文所述，我們也重視誠實。應試者如果在面試期間不怕承認自己被開除過，其信用就會加分。

如此率直的人真的令人耳目一新。我記得安娜（另一位安娜，不是《創造安娜》裡面的安娜·狄維）曾告訴我她的事業，以及過往順利的事。她造詣深厚、在職場步步高升，不過履歷表上有個斷點。我問她怎麼回事，她直截了當地說：「我被開除了。那是因為我作了不好的決定，而且沒有堅持到底。換成我是我的經理，我也會開除我的。」

那乍看下會使安娜面試失敗，但實情恰恰相反。為什麼？因為在這些高風險的情況，人們一般不會透明，通常也不會真誠。如果你可以在這種情況發現真誠的人，那你就物色到卓然出眾的人了。如果你想成為獨角獸，我建議你調適自己，自在地以真面目示人。

請你這麼做

別怕與人分享你搞砸的例子，就像約翰在和我面試時那樣，但也沒有理由做過頭。分享，但不要過度分享。真誠的人懂得怎麼謙遜地分享過錯，把大家凝聚在一起。效法他們，你會學到真誠的真諦。

承認過錯

這不代表要把你自己釘在十字架上，或聘一個高大的修女走在你身邊不時高喊「羞恥」。承認犯過錯，承認你掙扎過，然後向前走。

對黛安娜（Diana A.）來說，做成這個結論讓她感覺自由。「我向來真誠，但不見得願意坦承過錯。最後，我擔任不得不坦白認錯的職務。我一坦白認錯，才知道那感覺有多如釋重負。能承認自己的失敗，就能成長得更快、更健康。『真理必叫你們得以自由』這話一點也沒錯。」

坦承犯過不僅有助於培養真誠，事實上，犯錯、認錯比我們從一開始就做「對」更能幫助我們學習和留住知識。在研究中，研究人員發現了承認過錯和獲得「修正回饋」的重要性，「包括分析犯錯的理由，」結論是：在利害關係沒那麼大的時候犯錯而後改過，會大幅降低日後利害關係嚴重時犯錯的機率。所以，現在就勇於認錯，記取教訓，下次改正過來就好。

承認你陷入困境

謙遜在此扮演要角。承認自己不是時時都想得出辦法，既真誠，又有助於找出因應挑戰之道。

「我陷入困境時，不會隱瞞。」葛蘭（Glenn H.）這麼說：「我發現我的坦誠，以及不勉強成為別人，有助於他人接納我所說的話。」

這並不容易，查德（Chad S.）說，尤其如果你習慣處在權威地位的話。「領導人常不願告訴別人自己的困境，或是自己不知道答案。但當你領導的對象見到那種程度的真誠，他們通常會願意多給你一點通融和耐心。真誠不代表事情會變容易，那只意味在通往解決之道的路上，會少一點障礙。」

明智地發揮你的真誠

請記得不管你有多真誠，也無法討好每一個人。

「你沒有辦法取悅每一個人——建立好這種心態，就能放你自由。」山姆（Sam T.）這麼說。「如果你一直將你寶貴的精神和情感花在擔心能否討好每一個人上面，你是在白費力氣。」

真誠的紅旗

有真誠就有演戲。示弱可以搭建橋梁，但如果你不是百分之百真誠，你就是在操控了。問你自己這些問題，避免自己變得矯情：

- 我進行示弱領導是有真正的理由，或只是因為自揭瘡疤是種趨勢，而我知道這可能是條捷徑？
- 我的「真誠」會讓我變成烈士嗎？真正能承認錯誤的人少之又少。一位諮商師曾告訴我，「很多人經歷過離婚。但真正從離婚痊癒的人，能夠說出婚姻失敗的哪些環節可歸咎於己。很少人能做到這點，但這極少數人確實復原得比較快。」
- 我公諸於世的事情是有助益的嗎？真誠不代表四處訴委屈、發牢騷。這也不會賦予你當渾蛋的權利。先想一想再開口。

真誠的重點

- 人們的大腦渴望真誠。
- 真誠可以在建立信任和信心方面幫你做很多吃力的工作。
- 你不必十全十美，只要真誠就行。
- 犯錯沒關係，還會讓你更好。
- 保持真誠比原封不動保住冰箱裡面一塊鮮奶油蛋糕（以免你分居的妻子意外來訪時你需要把臉埋進去）來得容易。

3・靈活

The Agile

個案研究・靈活的獨角獸

「要改變它，最好的方式就是動手去做。沒錯吧？過一陣子，你會變成它，它就變容易了。」烏蘇拉・伯恩斯[44]說。在紐約上東城貧困家庭長大的伯恩斯，看來並非命中注定成為世上最有權勢的女性企業家。她的天主教學校教育告訴她，她有三種職業可選：老師、護士、修女。三種都不吸引她，所以她另尋他途。二〇一二年接受倫敦商學院訪問時，伯恩斯說：「我問，如果我擁有相關大學文憑，我可以選擇的哪一種職業能付給我最多錢。當時我最好的選擇似乎是化學工程師。所以我說：『好，那我就當化學工程師。』」伯恩斯作夢也沒想到會進入管理領域，但她接受且調整自己面對每一個迎面而來的機會。從全錄公司（Xerox）的工程實習生到該公司的執行長，伯恩斯向我們展現了靈活的力量。

家有襁褓兒，爸媽就不得不變得靈活。若說有哪種東西可以讓人時時提高警覺，那就非那個迷你版的人類莫屬——他有永不滿足的好奇心、靠不住的判斷力，還有隨時可能撿起又小又貴的物品扔進離他最近的馬桶的機動性。

我一直以為就襁褓兒的爸爸而言，自己相當靈活，直到有天我在客廳伸懶腰，瑪西（Macy）趕來「幫忙」。她開始伸她的版本的懶腰。彷彿她突然變成阿斯坦加瑜伽[45]大師似的，她是任何人見過最可愛的蝴蝶餅。

在此同時，我卻摸不到我的腳趾了。

於是我恍然明白：我每多活一天，靈活就再減一分。而且不只我這樣，我們都一樣。

靈活的事實：前幾天一位物理治療師朋友告訴我她週末去上的專業進修

44 Ursula Burns，一九五八～，非裔美籍企業家，曾任全錄公司執行長，是財星五百大公司第一位非裔女性執行長。

45 Ashtanga Yoga，又被稱為八肢瑜伽，所謂的八肢是指：持戒、精進、體位法、調息、感官收攝、專注力、冥想與三摩地，從字面上可以約略看出，內容包含了個人修為與身心練習等等。

教育課。課程是關於老年物理治療，而她分享了一個發人深省的事實：一個人一旦再也無法自己從地上站起來，他的壽命也剩不到五年了。朋友，請練習靈活性啊！

誰很靈活？麗珠[46]

她不是在這裡出生，但我們休士頓人驕傲地把她據為己有。麗珠受過古典長笛訓練，除了將此才藝融入演出，還同時跳著使多數人的有氧運動相形見絀的編舞。「當今身手最靈活的表演家」只是麗珠靈活名聲的一部分。二〇二二年，她發表了名為〈女孩〉（Grrrls）的單曲，歌詞有一個字被認為是對身心障礙者的歧視語。當她的ＩＧ追蹤者告訴她這件事，她立刻改寫歌詞，並告訴歌迷：「身為一個在美國的肥胖黑人女性，我受過很多傷人的言語攻擊，所以我非常了解言語可能產生的力量（不論是刻意，或是如同我的例子，無心）。」這是極其靈活之舉：

> 展現了迅速回應和改變的靈活性，以及人類學習和成長的敏捷性。

我們知道什麼？

我們不需要科學告訴我們，我們在現實生活看到的事：我們年紀愈大，就愈難踢完一場九十分鐘的足球，也愈難記得你為什麼走進廚房。《科學人》（*Scientific American*）期刊一篇針對學習新語言所做的研究顯示，成年後，要學到「流利」就困難多了。但年輕人學中文看起來就跟把衣服從地上撿起來一樣簡單。（當然，每個當爸媽的都知道，孩子「可以」不代表他們「願意」。）孩子的心智就跟他們的身體一樣靈活，直到不再靈活為止。

年歲漸長，代表靈活性愈來愈差。我們每天都會失去一點點，失去我們可塑心智的一小條路徑。

46 Lizzo，一九八八～，本名 Melissa Viviane Jefferson，藝名 Lizzo，美國饒舌歌手，求學階段曾受過古典長笛訓練，三度榮獲葛萊美獎，二〇一九年獲《時代雜誌》評選為「年度娛樂人物」。

團隊和組織也會發生類似的事情，想想你工作時的運作情況：你常不常碰到「因為我們一直都是這樣」的結構和職務呢？很有可能，很久以前有人決定事情該怎麼做，此後就一直沒變過。於是，我們就好像那些踏上歸途、返回牛舍過夜的乳牛。那條路是最好的路嗎？是最有效率的嗎？誰知道呢？那是你一直在走的路。取決於組織文化，質疑事情為什麼是現在這樣，可能會對問的人不利（更別說乳牛了）。擾亂現狀會對欠缺安全感的領導人造成威脅，而吱吱作響的輪子有時乾脆換掉比較快。我們希望你待的不是這樣的工作環境，如果是，那就表示你該走自己的路的時候到了。外面的機會好得多。

你具備激流餘生的條件嗎？

世界時時在變，靈活性比以往更重要。加拿大總理賈斯汀．杜魯道（Justin Trudeau）說：「今天的改變速度比以往都快，甚至以後也不會像今天這麼慢了。」世界已寄給我們一封改變的邀請函，如果我們認為自己可以低著頭等邀請函漂走，那我們就錯了。改變就像離岸流[47]，試著逆流而游都是徒勞；而靈活性知道不要抗拒它，要順勢而行，坦然接受改變的事實。

靈活帶來成功

不論身在何種處境，靈活的人都能成功，疫情向我們證明，靈活對企業有多重要。當 COVID-19 突然改變我們的生活方式，「原地打轉」和創新，就是關門大吉和成長茁壯的分野了。靈活的企業是靈活人士的產物，而重點是，企業要允許靈活人士在工作環境發揮靈活的特性，才可能變靈活。

據估計，有三分之一的小企業沒有熬過疫情。會發生這種情況的原因很多：小企業就是沒有資源挺過風暴，倉儲式賣場較具適應能力，或是小企業的商品突然再也沒有人能夠使用。在范德布洛曼，我們和其他小企業一樣擔心會遭受疫情重創。你應該記得，當時進行的現場禮拜儀式不多，所以突然間，對很多教會來說，尋找新的教堂領導人不再是刻不容緩的事，何況，當時教會本身也受到疫情波及。

我記得那時我在想：「嗯，如果我們會被三振，起碼得揮棒吧。」我們開始提供新的服務：范德布洛曼團隊。這是我們縮減規模的服務，協助人盡其才、適

47 rip current，又稱裂流，一種向外海方向緩緩移動的微弱海流。

才適所，但不像我們的獵才黃金標準完整套裝那麼貴。靈活助我們度過難關，而我很高興地說，我們的事業做得比以前還好。但不只是我們，我們很多客戶和同事都能保持靈活，在疫情期間找到成功的新途徑。

多樣性對靈活有益

多樣性是靈活的強力催化劑，多元的思考、多元的聲音、年齡、背景和文化，能組成更堅強的團隊。隨著團隊愈來愈多元、融入迫切需要的DEI（多樣性、公平、包容）措施，靈活的人會爬到頂峰。此時此刻，據商業敏捷協會（Business Agility Institute）指出，多樣性尚未被視為靈活的核心要素。但我可以告訴你，這正在改變。不接受多樣性，我們就不可能變靈活——人或組織都是如此。

為什麼招聘經理追求靈活的人？

靈活的人通常是能解決問題的正向人才。他們會隨機應變、迅速調整、唯有在絕對必要時才會推遲：根本是招聘經理的夢想。

在職場培養靈活性的秘訣：

靈活擁護者克雷蒙和萊恩給我們最好的建議：

- 別給計畫添亂子；事情愈單純愈好。
- 開會時不要浪費時間。
- 如果可以，不要開會。
- 好，如果非開會不可，請簡短而專注。
- 考慮全方位的風險管理，降低未來發生問題的可能性。
- 永遠想方設法突破現狀、修正過程，來滿足團隊需求。
- 別怕改變會觸怒他人。
- 讚揚靈活，當靈活讓事情順利推展，也別忘了慶祝。

我們看到什麼？

靈活測驗

當我跟應徵者面談，想要了解他們可能有多靈活時，我會問下面三個問題：

一、你正在學習什麼新技能？

二、你培養了哪個新嗜好？

三、你最喜歡研讀哪一段歷史？

（有時靈活是回顧的能力。）

眾所皆知我還會做一件事，甚至在面試開始前就考驗準應試者：改變面試地點。我知道這聽起來有點賤，但我跟你保證，那沒有聽起來那麼糟。我至少會提前兩小時通知，也不會離原先約定的地點太遠，以免交通造成困擾。就是過個馬路或轉個彎而已啦。應試者如何處理這件事，一定可以看出他們和范德布洛曼的文化有多契合。

來自獨角獸的報告

在我們的獨角獸中，有5.87％的應答者認為靈活是他們最重要的特質。

羅斯（Russ B.）告訴我們，靈活是怎麼幫助他用新點子解決老問題。「我發現愈來愈多事情現在之所以這樣做，『只是因為它們一直這樣做。』組織很容易流於自滿，發現一個奏效一次的方案，就固執地緊握不放。同樣地，我發現在我處理問題的時候，問題常被認為無解——太貴或辦不到——而我相信，十幾二十年前，問題浮現時也是如此。我發現，這些問題會需要一再處理，是因為技術和解決方案一直在變、日新月異。」

他舉了一個例子。以前有人告訴他沒辦法拿到無線遙控器來推進簡報幻燈片，那人說空間太大了，可以那麼遠操作的遙控器得花一大筆錢。「是沒錯，但那是十年前的資訊了，」他告訴我們。「我花了三十分鐘重新研究這個問題。感謝藍牙技術的成長，我只花二十美元就找到一支非常管用的小遙控器。我們需要靈活，不只是快速原地打轉，也要透過新的稜鏡檢視舊的問題。」

我們怎麼做？

幾年前我面談的一位「文化長」候選人和她的女兒已開始倒數計時、迎接「有生之年願望清單」上的法國之旅時，疫情爆發了。突然間，她們沒辦法去塞納河畔細嚼巧克力可頌，而得一連好幾個月在家面對千篇一律的事。她們自然失望透頂。哀悼過旅行必須延期的事實後，我的文化長便著眼於她能在那段期間做些什麼。她可以學法文。她認真學習法文，為那趟遲早會成行的旅程做好準備。

有時靈活的意思很簡單：在人生交給你檸檬的時候做檸檬派。

接受它，繼續前行

你聽過這句話嗎——「搭一座橋，走過去」？那就是靈活的人在情勢轉變時會做的事。喬納森（Jonathan H.）說這是靈活的重要層面。「你愈快了解新現實已成事實，就能愈快向它邁進。」他說。

卡蕾娜（Kalena H.）同意：「了解組織裡的事情是會改變的，這有助於我成為更好的團隊成員。我不會在程序或政策改變時覺得挫敗，我有彈性，會隨機應變。」

對德瑞克（Derek F.）來說，學習在面對變遷時保持靈活，讓他成為更好的領導者。「對我來說，明白改變是不可避免的，就是幫助我變得更靈活的最大要素。不論你是做什麼維生，都會遇到變遷。你要嘛受挫，要嘛一起成長。一明白這點，改變就變得容易應付多了。事實上，正是改變推著我前進，而成為今天的自己：不僅欣然接受改變，也尋找創造改變的契機，讓一切變得更好。」

保持謙遜

在我們探究十二項特質時，你會一直聽到這句話。謙遜幾乎在所有特質都扮演要角，若能拋開自我，你成為獨角獸的能力就會急遽攀升。

尼克（Nick D.）說：「不要堅持你原本的想法大有助益，敞開心胸接受新的思想和新的處事之道吧。永遠都要假設，一定有比你現行方法更好的處事之道。永遠不要停止學習，停止成長。」

「我之所以變得比較靈活，有一點很重要：學習不要把結果放在心上。」克里斯（Chris H.）補充。「如果事情變了，或者我致力處理的細節需要被取代或捨棄，那就是整個過程加快腳步且饒富創意的部分。」

「練習謙遜，確保你不會故步自封，」大衛（Dave H.）這麼建議。「如果事情需要改變，讓你的想法與你的價值脫鉤，能幫助你更靈活、更善於變通。」

運用科學

凱爾（Kyle T.）建議採用科學方法。拿數據和度量標準檢視情勢，比全憑感覺更容易變得靈活：「把事情當實驗看待。如果管用，就繼續做。如果行不通，該做哪些調整呢？如果做了調整還是行不通，就試試截然不同的構想，或許就能實現目的或目標。」

莫忘使命

另一個練習靈活的好方法是時時刻刻謹記使命，凡是經營過或創立過公司的人都知道使命的重要。你的使命就是你的北極星，該指引你作的每一個決定，這讓我們在面對挑戰時更容易保持靈活。支持使命的事情就去做，不支持的就換掉。爆個雷：當我們討論目標導向時，這點還會再出現。

艾瑞卡（Erika M.）說：「保持靈活可回歸這個信念：組織的使命比你面前的一切來得重要。因此，我們可以撇開我們的喜好，在被要求改變時改變。這也就是能夠超越你的職位、超越你自己來思考。」

福克斯（Fox Z.）同意顧全大局的重要性。「太多人因為情況改變就垮掉、就離職。別被這種環境變遷嚇住了。請願意與時俱進、勇於嘗試、不怕失敗，並以健康的觀點看待大局，而非瑣細的情況。」

靈活的重點

- 我們一天比一天不靈活。
- 我們的大腦跟我們的身體一樣需要伸展。
- 在職場，只因「我們一直都這樣做」就去做，是有毒的。
- 多樣性、新構想和新鮮的經驗，都能提升靈活性。

4・解決問題

The Solver

個案研究：解決問題的獨角獸

凱文．普朗克[48]常流汗。揮汗如雨。他在九〇年代晚期也是大學美式足球員。那個年代，棉花還是運動服的王者，而棉花是王者只是因為更好的布料尚未存在。為此深受挫折的普朗克決定解決問題，他勉強湊足他能弄到的錢，開始研究能讓運動員流汗時比較舒適的合成纖維。他創業第一年的營業額達到一萬七千美元，儘管這個起步看來大有可為，卻不符普朗克期待。為解決銷售緩慢的問題——他認為是在市場沒沒無聞所致——普朗克傾盡自己（和公司）所有，砸了兩萬五千美元在《ESPN雜誌》買下一幅全頁廣告。他賭對了，隔年，普朗克的公司——Under Armour——營業額就超過百萬美元。感謝解決問題的人，接下來的事，大家都知道了。

面臨挑戰時，人不是選擇站在方程式的問題端，就是解決端。選擇尋找解決之道，也就是拒絕成為犧牲品、願意花費心力度過難關的人，是不可取代的。臨危不亂、處變不驚的能力，將使你脫穎而出。我發現我這些年來遇過、面試過的「解決者」，普遍擁有某種心態。這一章將帶你走上成為出色「解決者」的路，未來的你不可能被忽視。而在這個變動愈來愈快、愈來愈不確定的世界，發展解決問題的能力將能以前所未有的方式提高你的價值。

事業生涯之初，我遇到一位很棒的長輩，而他也成為我的心靈導師。傑克・哈特（Jack Hart）曾任「Palm Pilot」（如果你還記得這麼久遠的東西）高階主管，是該公司人力資源和人事管理的頭頭。該公司是非常早期的科技公司，它成長得非常快，也搞得非常亂。有人告訴過我：你可以擁有掌控，或者擁有成長，但不可能兩者都有，所以傑克的職責就是：整理隨成長而來的混亂。

傑克也出任過教會董事（我接任的職務）。在我到那裡之前，那個教會六年來經歷兩次分裂，不是小小的意見不合，而是慷慨激昂的激烈辯論。那種慷慨激昂可能取代理性和友誼，使長年知己互相咆哮。

每個人似乎都認為，很少人站在每一場爭論的解決端。於是，友情毀於一旦，家庭關係劍拔弩張。好多好多人指著對方鼻子罵，但傑克卻擁有讓人人喜歡他的

48 Kevin Plank，一九七二～，美國企業家，運動服飾 Under Armour 公司的創辦人兼執行長。

本事。每一個人，不管在每個議題選哪一邊站，都喜歡傑克。

有一次我問了他這件事，他跟我說：「威廉，人人都落在這兩類：不是站在方程式的問題端，就是站在解決端。當我躺下來，嚥下最後一口氣之際，我希望旁人站起來說：傑克總是站在解決端。」

同一年，我安葬了傑克，訴說了這個故事。當時，來自三個教會（教會分裂的結果）的賓客陸續站起來發言，我好像從未見過一場葬禮能化解那麼多衝突。來自三方的朋友都說，沒錯，傑克就是解決之道，從來不是問題的源頭。

我們知道什麼？

我們在研究調查時發現，我們面試過的所有人士，只有頂尖的1%展現了看議題的解決端而非問題端的過人之才。我見過最好的例子，或許是在疫情期間，以及我們當時所做的面試之中，就是試著全部仰賴Zoom進行獵才作業，藉此帶來新的挑戰和新的機會。而其他的徵才組織，從非常傳統的企業到高科技公司，在面臨新的世界秩序時躊躇不前，這實在讓人非常吃驚。不論何種產業，多數人都訴諸這句話：「我們從沒這樣做過，現在辦不到。」（還記得第三章〈靈活〉裡的乳牛嗎？）但有一小部分的人和公司卻起身迎接挑戰，說：「我有個辦法，我們這樣試試看吧？」

抱怨很好玩！

我們的大腦有負面傾向。當我們的祖先冒險走出洞穴時，你覺得最符合他們利益的是見到和欣賞美好的事物，例如可愛的五月蘋果林繁花盛開？還是觀察到野生鬣狗、發著惡臭的水源，和已經熄滅的火呢？你會告訴群體哪一種？我們感謝能讓生命更美好的一切事物，但對早期的人類而言，辨識和通知負面事態，能讓他們活到最後。

另外，抱怨能強化我們的正向心態，它讓我們自認比權勢者更聰明，也有助於我們團結在一起。如果你有認識誰到今天還在跟數十年前認識的第一批同事來往，問問他們。是自助餐廳的早餐三明治，和只上半天班的夏季星期五[49]讓他們感

49 美國有不少企業近年開始流行「夏日星期五」，只要員工完成手上工作，或在其他日子「彈性加班」，就能在星期五只上半天班，提早享受週末假期。

情增溫的嗎?還是有某個共同敵人、一起感到不公不義,讓他們找彼此發洩呢?

不過抱怨也不是百利而無一害,那會對你的大腦造成負面衝擊,同時毫無意外地,也會對你的公司文化造成負面影響。因此,當個「解決者」還是比較好。

那就是戴爾・卡內基[50]為什麼將「不批評、不責備、不抱怨」列為贏得友誼、影響他人的第一守則。抱怨固然可以在你的勢力範圍內得分,但永遠不會助你擴大影響力。要擴大影響力,你必須解決問題。

好,我來解決問題,但我會用我的方式做,謝謝。

還記得那個老笑話嗎?「駱駝是什麼?是委員會畫出來的馬。」[51]就算犯錯風險更高,群策群力來解決問題還是比較好,但如果你跟我的孩子一樣,你可能會討厭這種團隊計畫。在學校,你可能一直在分組專案擔任吃重角色;如果你正在讀這本書,那你很可能就是如此。我的孩子討厭團隊計畫有很多原因,就像是環法自由車賽[52],你卡在主車群裡面認真騎,其他一些孩子只是在你後面兜來轉去,想著要怎麼把他們的黃衫設計得更時髦,到頭來好像都是我的孩子包辦一切工程。團隊計畫很累贅,且行動遲緩,一旦需要合作,他們的掌控力就減弱了。那句古老的領導格言在我們家要改一下：如果你想走得快又走得遠，請一個人走。

在團隊裡解決問題可能造成威脅、累人，又充滿挫折，但研究顯示，若舉措得宜，專業環境中的團隊計畫會造就其他方式無法達成的創新。

職場的千禧世代

你知道誰真的喜歡在團隊裡解決事情嗎？千禧世代。如果你是這個世代的成員，恭喜你。你更可能適應職場向你扔過來的東西，你也比較善於處理衝突，這些特質都和成功的職場合作有關。毫不意外地，千禧世代重視合作，也不乏最優秀的「解決者」。

50 Dale Carnegie，一八八八～一九五五，美國作家、演說家，以探討人際關係的書籍著稱，一九一二年創辦卡內基訓練，影響後世甚鉅。

51 「A horse drawn by committee.」一九五九年 Mini 的設計師伊斯哥尼斯（Alec Issigonis）的名言，意指委員會常將太多相互衝突或缺乏經驗的意見納入計畫中，藉此批評群體決策以及抽象或無關的管理主義。

52 Le Tour de France，始於一九〇三年，主要在法國進行的多賽段公路自由車賽，有時也會出入周邊國家。每年於夏季舉行，每次賽期二十三天，平均賽程超過三千五百公里。

「Solver」裡沒有「I」

我剛開始創業時，正向的批評通常無法直達我的腦袋，而就算抵達了，我得很遺憾地說，我沒有積極接受它。那時我很年輕，自認無所不知。

不過有個例外。我記得我做過一場簡報，闡述我們來年的願景，以及將以組織之姿完成的一切。觀眾席裡有一位長輩，後來成為我的心靈導師。我問他：「傑克，你覺得我報告得怎麼樣？」

他說：「威廉，我不知道你明年要完成這麼多事情欸！」我跟他解釋，那是組織要完成的事，而那一定超棒的。然後傑克看著我說：「那你為什麼一直說『我』而不是『我們』呢？」

可以用「我們」的時候，絕對不要用「我」。

為什麼招聘經理愛死「解決者」了？

你前一次帶著好消息去人資部門是什麼時候的事？

問這一句就夠了。

在職場培養「解決者」心態的秘訣：

- 鼓勵謙遜和終身學習。
- 問題解決了，要慶祝勝利，並歸功於所有有功的同仁。
- 每一場會議，都要請同仁提出解決方案；就算那些方案好高騖遠、窒礙難行，也能培養正確的心態。
- 用語很重要：別說「問題」，改說「可能性」。

誰是「解決者」？珍妮佛・嘉納[53]

珍妮佛・嘉納是出色的演員，似乎廣獲喜愛。她也是解決問題的人。也許那是因為她在電視影集《雙面女間諜》（*Alias*）演出突破性的

53 Jennifer Garner，一九七二～，美國女演員，因電視影集《雙面女間諜》獲得金球獎殊榮。

角色，也許是因為她堅信人性本善，也許需要結合兩者。無論如何，我們已經看到珍妮佛・嘉納在聚光燈下數十年，而她每一次都以解決者的姿態出現。嘉納和前夫班・艾佛列克（Ben Affleck）生了三個孩子，而不管小報報導了什麼、情況有多艱難，嘉納總是展現出愉快、配合的形象。她說她尊重艾佛列克的老相好、新妻子珍妮佛・洛佩茲（Jennifer Lopez），因為跟珍妮佛同為孩子的母親，所以她對這對夫妻和他們的共同扶養權利絕不出惡言。

嘉納似乎對於為孩子解決問題特別感興趣，包括她自己的和別人的孩子。她發起運動，致力於透過立法保護名人子女不被狗仔隊騷擾；她也出任美國救助兒童會（Save the Children US）大使，支持孩子的識字能力、教育和營養；她甚至對市面上欠缺健康嬰兒食品的選擇感到挫折，於是創立了有機嬰兒食品系列。為確保所有孩子都能吃得到，她也努力讓它成為第一個提供給食物券[54]家庭的健康嬰兒食品。

我們看到什麼？

解決問題的心態幫助范德布洛曼功成名就。當然，我們的業務是要解決問題，所以解決方案就內建在敝公司的骨架中。但就算你不是經營高階獵才公司，當個「解決者」也能助你獲致成功。一開始，就是解決問題的心態帶我來到這裡。我發現高階獵才遺漏了一個可觀的市場，所以我創立范德布洛曼來解決這個問題。

我們在面試時，會非常敏銳地聆聽應試者說「我們」和「我」的頻率，這儼然成為我們不言而喻的石蕊試紙測驗。為什麼？因為我們相信多數人是自私的（有時有很好的理由），而不管身處何種情境，慣用「我們」開頭的人，都是非比尋常、彌足珍貴的。

來自獨角獸的報告

成為「解決者」為何對工作和人生都有助益，我們的獨角獸們有多種理由。

54 食物券計畫（Food Stamp Program，FSP）是目前全美國最大規模的低收入家庭營養計畫，也是美國農產品與食品產業最主要的需求來源之一。

不論是解決問題帶來的美妙感覺、學到的教訓，或是一心想解決問題的積極進取，成為「解決者」的理由不一而足。

解決問題讓你感覺美妙！

「提出解決方案，是分外令人滿足的事。」史提夫（Steve B.）這麼說：「看到別人因為我的發現或發展的概念和策略而獲益時，會給我的工作和人生帶來喜樂。」

「你可以抱怨，也可以當個解決問題的人，」喬安（JoAnn F.）說。「而我認為設法解決問題，比抱怨問題來得好玩，也比較有生產力。」

「我的一大優點就是會解決問題，」漢娜（Hanna S.）說。「抱怨和壓力從來無助於擺脫困境。它們是人類面對混亂和衝突時的自然反應，但毫無助益。我試著著眼於下一步，或是能完成事情的解決方案。當你想的是解決問題而非問題本身，就比較可能減輕壓力、更快想出對策了。更重要的是，你可以繼續前行、感覺有成就感，準備迎接下一個挑戰。」

解決問題有助於學習和避免重蹈覆轍

梅根（Meagan M.）說：「身為『解決者』，我有敏銳的能力可以檢視議題、接受是過往發生的種種帶我們來到這裡，並創造解決方案，避免未來重蹈覆轍。身為解決者，保持冷靜非常重要。」

解決問題是致勝的心態

唐娜（Donna B.）說：「隨時準備好可搬上檯面的可能對策，向來是領導力所不可或缺的心態。我不必解決所有問題，當然也渴望他人的投入，但身為領導人，我必須先徹底思考過，準備好提供有效的對策。透過推演腳本，運用我的信仰、研究、智慧和其他最好的實務來辨明解決之道，我一天比一天進步。我一直在想：『我們可以怎麼過得更好？』秉持這種心態，在多數情況，我都能站在等式的解決端。」

「解決者」的事實：二十世紀末的饒舌歌手羅伯・馬修・范・溫克爾(Robert Matthew Van Winkel)在一首歌裡自我標榜為解決問題的人：

「如果有問題，唷，我來解決／跟著我的 DJ 轉，試試疊句。」（羅伯是以他嘻哈的另一個自我「香草冰」〔Vanilla Ice〕來表演這首歌。）

我們怎麼做？

當我開始擔任領導角色，我記得自己對於那些愛抱怨的人愈來愈感到厭煩。我跟一位恩師說到這件事，他給了我很棒的對策。

他說：「威廉，現在很少人來跟我抱怨了。」

我問他是怎麼辦到的。

他說：「我就規定，誰也不能帶著問題來找我，除非他們也帶了解決方案來。那大幅減少了我聽到的抱怨，因為善於尋找對策的人真的不多。」

獨角獸善於尋找對策，其中 14.06%更自認是這方面的佼佼者。想知道怎麼當「解決者」嗎？「解決者」有解決方案。

提出解決方案

不必是完美的方案，甚至不必是好的方案，但要當「解決者」，你需要有個開始。多年前我的恩師告訴我：你套在別人身上的規範（沒有對策就不准提出問題）和寬限（對策不必完美），也要套在自己身上。最近有商業專家抨擊這種做法是在恐嚇人且有害，但如果你用我們的方法做，就不會如此。我確實喜歡叫人提出解決方案，但那不必完美無瑕，甚至不必切實可行。有時候，一開始提出的方案會像這樣：「我們今天休假一天去看牛仔大賽怎麼樣？」雖然那或許不會是解決問題的辦法，卻是個好的開始。我們在提出點子、我們在創意思考，而且我們幽默看待這件事。

以這種方式尋求解決之道，就能孕育解決問題的文化。但如果要求他們把五十頁線圈裝訂的提案放在我桌上，結果就不會是這樣。

達斯汀（Dustin L.）說，著眼於解決問題是種心態：「奉行這個概念：『如果我見到一個問題，就必須提出對策』，我變得比較擅長解決問題了。很多人都能指出問題，卻留給別人解決。我相信如果我看到問題，我一定能提出解決的辦法。我的構想或許不是最好的，甚至不值得考慮，但我會認真地提出我的看法。」

「我天生善於分析，」文斯（Vince L.）說：「我認為任何人都可以分析有哪裡不對勁，但不是每個人都能運用那些資訊來搜尋並找出解決之道。」

說「好！」

約翰（John A.）告訴我們，現身說「好！」，就是成為「解決者」和獨角獸最重要的步驟。「參與其中，」他說：「凡事都要做到超乎預期，尤其當你是新人或基層的時候。那能賦予你參與更多事務的機會，最終能提高你的影響力與責任。只要有參與的機會迎面而來，說『好！』就對了。」

綜觀全局

《白宮風雲》（*The West Wing*）有一集演總統同時和另一名國家元首下虛擬棋，又和兩名參謀下實體棋。他一邊下，一邊鼓勵年輕的對手「綜觀全局。」「解決者」就具備這種能力，能從各種角度評估情勢、觀察全局。

黛安娜（Diane B.）這樣描述她是如何辦到的：「我試著盡我所能從多種觀點

觀察情勢，再作出會影響團隊的決定。這固然會花上一些時間，但我覺得花這些時間是值得的，因為這樣我就能對我所作的決定充滿信心。同時，我也重視別人的投入，特別是能站在我的立場思考的人。」

「當我的幕僚提出問題，卻沒有提出任何可行的對策或可能的修正，他們其實沒幫上什麼忙，就算他們自認如此，」戴爾（Dale M.）說。「他們就像站在街道旁，朝遊行隊伍扔石頭的人。我已經學會，在討論需要修正或突破的事情時，一定要提出可能的對策或變通方案，但我絕對不會認定那就是最好的對策。當你擔綱管理角色和責任往上爬的時候，你會學到一件事：你往往並沒有看到完整的局面。」

慢慢分解

「世間充斥著極度的悲傷，別被嚇倒。行公義、好憐憫，存謙卑的心（與你的神同）行。」著名的經文說道[55]。「你沒有完成工作的義務，但也沒有放棄的自

55 語出《彌迦書》（*Micah*）6:8。

由。」「解決者」明白這段話。一旦遇上巨大的挑戰，他們會慢慢抽絲剝繭。

「我是軟體工程師，」蘇珊（Susan C.）說：「有些任務乍看下無法克服。這些年來我已經學會，把大問題分解成一連串比較小的問題，非常有幫助。如果我可以解決每一個小問題，那大問題也迎刃而解了。」

「我試著把問題縮減成最顯著的議題，鑑定出核心的挑戰，以判定可能的對策。我也試著一一剔除那些不會使我們朝解決邁進，或是徒增困惑的無關素材。」保羅這麼說。

認清問題是否真的需要解決

並非每一件事情都極需解決。慎選磨練「解決者」技能的時機，以免浪費你的時間和心力。你可曾在亞馬遜網站偶然見到某個品項，心想：「這世界真的需要這個嗎？」審慎運用你解決問題的能量。

為此，約翰（John D.）會直截了當地問幾個問題。他說：「每當有問題向我提出，我都會試著釐清，這個人為什麼要跟我分享這些資訊。我會問：『你是在發洩嗎？或者你是要我幫你解決？』通常人們只是需要有人聽他們說話而已。不過有些時候，問題是真的需要設法解決。」

「解決者」的重點

- 抱怨，就像晚上最後一杯雞尾酒，很好玩，但也對你有害。
- 可以說「我們」的時候，千萬別說「我」。
- 不要與世隔絕地解決問題。
- 學會分辨需要解決的問題與需要放手的事情。

5・先發制人

The Anticipator

個案研究：先發制人的獨角獸

根據傳說，馬克・貝尼奧夫[56]是在公休假期間，從印度到夏威夷的路上靈機一動：為什麼商業軟體不能跟亞馬遜網站一樣便於使用呢？自幼就為技術和其前景深深著迷的貝尼奧夫有預感：可以在網路上好端端「活著」、必需前期成本最低的商業管理系統，可以取代已沿用數十年、必須安裝、更新、用高價硬體管理的軟體。他對了。賽富時（Salesforce）只需要使用者存取網路即可。貝尼奧夫和其他共同創辦人知道賽富時一定會起飛，也因為預期會成長，挑選了有擴充空間的總部和辦公空間。到二〇二二年，賽富時是全球規模名列前茅的科技公司，也在《財星》五百大企業排名第一百三十六。

真心懺悔：孩童時我有段時期對ＥＳＰ（Extrasensory perception，超感官能力）的概念深感興趣。也許那是我看過的節目，也許是因為我在九歲、十歲的時候看了很多史蒂芬・金[57]（我爸媽在想什麼?!），不管理由為何，我一直想知道自己能否培養出預知未來的能力，懂得讀心和研判趨勢來「看出下一步」。

有些人真的可以，因為他們是「先發制人者」，而搶先一步的人就能脫穎而出。他們真的簡直預見了未來，你，也可以。

我們知道什麼？

如果你家跟我家一樣在疫情期間緊盯著Netflix，你八成看過《后翼棄兵》（*The Queen's Gambit*）——一部值得追的迷你影集系列，優美地闡明了先發制人的威力。預先考慮的重要性在下棋時最為明顯。不論你是大師或只是隨便玩玩，學習下棋都能教給你許多關於預想你的下一步，以及更重要的——對手的下一步——的事情。

我們的大腦是最厲害的「先發制人者」。作家麗莎・費德曼・巴瑞特（Lisa Feldman Barrett）對這方面做了廣泛的研究。她寫道：「的確，預測只是你的腦在

56 Marc Benioff，一九六四～，美國網路企業家和慈善家。軟體公司賽富時的共同創辦人、董事長兼執行長，雲端運算的先驅，也多次在推動平等議題上擔任領袖角色。

57 Stephen King，一九四七～，美國暢銷書作家及電影製片人，以恐怖小說著稱，諸多作品改編為電影或影集，二〇〇三年獲美國國家圖書獎終身成就獎。

和它自己對話。一串神經元把你腦裡正在湧現的過往和現在結合起來，藉以猜測不久的將來會發生什麼事。」

自人類出現在地球，我們大腦的這個功能就一路幫助我們至今。我們勤奮的大腦盡其所能預測結果，避免我們跌落山溝、被長毛象踩扁，或意外用投槍器把槍射進我們岳母的身體。時至今日，我們的大腦還在忙著做這件事，協助我們安然度過今天的危機。

誰先發制人？阿倫・羅傑斯[58]

阿倫・羅傑斯傳球時不是像一般人那樣，尋找有空檔的隊友。他會思考他想要的結果（透過許多行動，包括這記於正規球季賽傳出的達陣妙傳，最後將冠軍盃高舉過頭頂，享受五彩紙屑如大雨滂沱而下）。然後他解讀對方的防守，指示進攻戰術。他知道他的隊友會做什麼。他也知道防守會怎麼做，或許不是從現在算起的五次攻守，或許只有現在這一球。他把球傳給一個有空檔的隊友，讓一切看來輕而易舉。確實輕而易舉。對「先發制人者」而言是如此。

場外，你也不得不佩服羅傑斯。他能預知哪幾天沒有重大新聞、球迷的反應，以及媒體的關注。

他總能未雨綢繆，做足準備，在他挑選的廣播節目解釋一切（或難搞）。

你不必是諾查丹瑪斯[59]

在《舊約聖經》中，希伯來經卷[60]有一大部分專門探討「先知」。先知能預見未來，先知對於協助王者擺脫困境彌足珍貴。先知可以未雨綢繆。

58 Aaron Rodgers，一九八三～，美式足球四分衛，二〇一一年在綠灣包裝人隊拿到超級盃冠軍，現效力於紐約噴射機隊。

59 Nostradamus，一五〇三～一五六六，猶太裔法國預言家，精通希伯來文及希臘文，留下預言集《百詩集》。有研究學者認為詩中預測了不少歷史事件（如法國大革命、希特勒崛起等）和重大發明（飛機、原子彈等）。

60 Biblia Hebraica，聖經研究學者使用的一個指代塔納赫（Thanach）的專業術語，即是希伯來文所說的聖經（Miqra），既是猶太人的正典文獻，也是舊約聖經的教義來源。

但多數學者同意，《舊約》的先知在提出預言之際，不必預見未來五、六百年。他們是受靈性驅使，針對如何因應眼下和不久將來的危機發表評論。如果他們剛好預言了五、六百年以後的事：好厲害。但當時大家都知道，先知只是能夠解讀今天的茶葉、多告訴我們一點我們原本不知道的明天的事。

你不必擁有任何超自然的能力或天賦，只要解讀你面前的茶葉即可。

你不需要長期計畫

以前我以為，做為領導人，有遠見的意思是知道如何擬定我們未來十年，甚至二十年的計畫。疫情剝奪了多數願景領導人預見明年的能力。但我認為情況沒有那麼糟。

我們正走出要求領導人提出十年、二十年計畫的時代，我們正進入一個瞬息萬變、紛紛擾擾的時代，我認為這將帶給我們更正確的「先發制人」觀念。先發制人是領導人可以預見前面一、兩步，比群眾先走那一、兩步。這和那個有關熊的笑話有異曲同工之妙：你不必跑得比熊快，你只要跑得比你旁邊那個人快就行。

趣聞：在《詩篇》中，大衛形容上帝的話語是腳前的燈與路上的光。多數人認為那只是種比喻。但大衛是真的指那時代的人會綁在鞋子上的小燈籠。那樣的燈籠只能給他們足夠的光看到前面一步——往往，那就是我們需要的。

疫情期間，趁我們必須關閉相當多業務之際，我開始花更多心力思考如何回應這星期的狀況。不是這個月，更非今年。我著眼於現在哪些趨勢會影響未來一、兩天，這是長久以來我在「先發制人」方面做過最有效的練習了。現在我把先發制人視為我必須練習、全神貫注和發展的事情。不是放眼遙遠的未來，而是看清眼前的事物。

我們看到什麼？

我碰過最好的特助之一，是一位名叫貝達妮（Bethany）的女性。我很榮幸能與她共事多年，而她展現了不同凡響的先發制人的本領。

貝達妮一開始不是擔任我的特助。她一開始是做辦公室工作，直到我原本的助理因家庭因素離職後才接任。

貝達妮接任特助時還是臨時雇員。指出這點很重要：當時還沒有 iPad 和智慧手機，email 也不是隨時動動手指就能用。但我們仰賴迅速回覆；那向來是我們的價值。（還記得「迅速反應」吧？）有一天，一位潛在客戶的 email 在我飛機起飛前進來，是用西班牙文寫的。我知道貝達妮的西班牙文很流利，所以我請她讀一讀，並盡她所能回覆。

上了飛機，我才注意到那不是西班牙文，而是葡萄牙文。那或許意味著那位潛在客戶是來自巴西。而如果你不會分辨葡萄牙文和西班牙文，你一定不會喜歡那個地方。我有點驚慌，怕我們動作太快了。降落後，我打給貝達妮，說暫時不要回那封信。

她說：「抱歉，來不及了。我已經回了。還有你知道那是葡萄牙文，不是西班牙文嗎？」

我大為震驚，問她做了什麼。她會說：「喔，我找了 Google 翻譯並翻譯了他的問題。然後我判斷他想找什麼，並找到一份你針對那個主題寫的白皮書。我用

Google 翻譯把那翻成葡萄牙文，然後直接寄給他。我很抱歉我動作太快了。」

就在短短兩分鐘的時間，貝達妮從臨時高級主管特助升任高級主管特助。她預先判斷的正是那位仁兄的需求。她找到技術解決那項需求，也理解他的請求是寫葡萄牙文，而非西班牙文！

此後，我們就積極尋覓像貝達妮這樣的人才。我們也一直學習如何在面試中提出問題，來判斷這個人是否善於預先思考。

先發制人可以教

從我們的經驗來看，先發制人或許是十二項特質中最容易教導的。只要願意改變心態，就可以培養。我努力學打一點高爾夫，在和高手們一起打球時，我發現他們都是依據「自己在那個洞想打幾桿」來盤算怎麼開球。好球員甚至在決定開球策略之前，就研究過果嶺旗桿的位置和風的條件了。同樣地，跟下棋一樣，最好的撞球選手也會提前計畫至少三桿。

我們面試的應徵者常常只想到，他們需要做什麼才能獲得錄用；但傑出的應徵者會談到，他們將如何在這份職務交出優異的成績，以實現他們的事業目標。

很多人覺得在面試時談論未來的工作是錯的。這太傲慢了！這是種權利！我由衷不敢苟同。

我記得吉姆（Jim）——他要面試一家由我們負責徵才的公司的副總裁一職。他問我：「錄用者會在這個職務待多久？」聽起來侵略性太強，對不對？其實不然。那間公司是成長非常快的組織，停滯不是好事。我問吉姆為什麼想知道這件事。他說：「因為從公司的成長看來，錄用者大概只會在這個職務待三年，再來要不升官，要不被挖走。如果我的判斷正確，那我準備要將生涯最好的三年奉獻給這個角色。」如果說錯話，吉姆可能會讓人覺得他把這份工作當墊腳石。那就是常見的錯誤了。相反地，他卻給人「提前好幾步思考」的感覺。這令我印象深刻。他得到那份工作，而且兩年就升官了。

來自獨角獸的報告

在我們調查的受訪者中，有8.72％自認具有先發制人之長。他們告訴我，要先發制人，一大重點是明白自己無法事事料事如神，而且要能迅速調適。

先發制人者冷靜、平靜、鎮定，起碼外表看起來是如此。這有助於贏得每一位共事者的支持。

李奇（Rich G.）告訴我們：「人們常覺得我能夠在壓力下保持冷靜，能夠作出明快的決定，確實如此，但這是因為我已經花過時間，為可能發生的事或人們可能的回應，作好心理準備。如果我有那些問題的答案，就可以對我試圖影響和爭取的人灌輸信心了。」

傑樂米（Jeremy H.）同意：「事前多花點時間準備可能的『備用』計畫，徹底思索過可能的不測，我可以很快做出調整和應變。最近有個例子在Zoom上演：我邀請兩位客座講師在董事會議發表談話，結果雙雙遲到。所幸，就算我原本安排他們填滿會議時間，我也事先準備了額外的討論話題在會議結束時進行。這個話題對我的董事是有意義的，但如果時間不允許，就完全沒有必要討論。事先準備好討論與答覆的時間，讓我得以充分利用線上會議時間，又有餘裕去請我們的講師上線。這還有個附帶好處：保住我客座講師的顏面，而且這種做法比我當場趕忙東拼西湊好得多。我常這樣半開玩笑地形容這種習慣：『當我準備好自然而然，我就善於自然而然。』」

瑪薇絲（Mavis M.）將她預見他人需求的能力——以及那帶給他們的價值——

打造成一項事業。「多年來的經驗讓我明白預見下一件大事、下一項活動或下一季的重要性。我當婚禮秘書當了超過三十五年，知道這好處多多。而更早以前，我就明白預見需求、招募人員來提供協助的莫大效益了。我歷任主管都很欣賞我一直在思考下一項需求，並預作規劃的作風。」

為什麼招聘經理愛找「先發制人者」？

「先發制人者」能預見未來的路況，自然會減輕招聘經理的壓力、降低對話的難度。獨角獸泰勒（Tyler A.）說得好：「先發制人有助於化解路上可能的衝突。我曾經參與過一場非常緊繃的會議，與會者個個如坐針氈。觀察主持人說話的語氣和要旨，我預見未來一、兩個月職務內容會有一些調整。透過提出幾個開放式問題，我能夠預期和鑑定我目前職務的走向，以及未來可能如何轉變，並以有助於緩和緊張的方式發言。」

在職場培養「先發制人」的秘訣：

- 練習在解決問題時想著你要達到的目標。
- 鼓勵閱讀和學習歷史。
- 訓練「徹底思考」。

我們怎麼做？

我差點拿到教義（doctrine）發展史的博士。聽起來很吸引人吧？那真的挺令人著迷的。如果你想預知未來，只要研讀過去。人類是無盡的循環。（所以我老婆指出，我們早該預見「媽媽褲」（mom jeans）會重新流行。）我看到幾場文化戰爭正如火如荼，而它們都是過去的文化戰爭死灰復燃。這不是看不起它們；不是說我們不該投以關注。只是意味：如果你研究過去，就能認識未來。

回頭看看

你可以做些什麼來研究你的過往呢？優秀的「先發制人者」可以研究的領域包括：

- 原生家庭。這或許是成年人問題與行為最常見的根源，多多認識你和你家人的過往吧。
- 歷史模式。出色的「先發制人者」布里頓告訴我們：「我是貪心的讀者，尤其對歷史感興趣。藉由了解人、文化和社會的趨勢，結合我屬靈的恩賜，讓我得以看到前面好幾步。這就是我先發制人的秘訣：多閱讀。」

練習

凱西（Casey S.）說，熟能生巧適用於先發制人。「我高中大學玩擊劍運動。做為擊劍選手，你必須學會快速思考、快速反應；但你也要能從對手的姿態預判他們要做什麼：他們從這種姿勢可能怎麼取分，我要如何反擊？那樣的訓練對於如何在『後某某時代』領導有直接影響。我認為關鍵在於，盡可能經常從你的處境想像可能的結果。養成這種梳理的習慣：『如果事情這樣發生，我就做X；如果那樣發生，我就做Y；然而，萬一發生最後一種狀況——希望不要——那我們別無選擇，只能做Z了。』如果你常做這樣的練習，就能培養預測即將發生什麼事的能力了。」

譚美（Tammy K.）同意：「事先在你的心裡預演情境，預測可能的結果。」

莎拉（Sara S.）說，舞臺協助她磨練這個技巧：「高中大學時，我做過一些舞臺管理的事情，包括教會特殊活動，以及社區劇團的演出。我真的覺得那幫我奠定了成為『先發制人者』的基礎。這種經驗堪稱獨一無二：我看著一個演員跑上臺，然後瞥一眼道具桌，發現他應該拿走的道具，還好端端擺在那裡。」

她說，她最大的秘訣是「停下來徹底思考可能發生的一切情況。然後想想你需要怎麼修正方向來達成目標。也要記得，通往目標的新路線可能跟你原本預期的不一樣。那也無妨。」

從「心裡想著結果」開始

我們知道這適合在運動中執行，不過卻是史蒂芬．柯維[61]讓這種習慣在商業模式中一舉成名的，這或許是準「先發制人者」所能擁有最珍貴的建議了。

黛安（Diane V.）親身實踐這個規則，說：「我已經學會，要同時轉動很多個盤子，最有效的方法是設想你想要的結果，一一列出到達那裡的必要步驟。期限很重要，而我會設定比實際所需更早的期限，並努力達成。這樣我晚上才睡得著覺！」

你猜到了：先發制人的重點

- 先發制人極為重要。
- 你不需要看那麼遠，只要比你周圍的人看得遠就可以了。
- 透過認識你自己、你的過往和你的環境，來學習成為更好的「先發制人者」。

61 Stephen Covey，一九三二～二〇一二，美國著名的管理學大師，著有《與成功有約：高效能人士的七個習慣》等暢銷書。

6・準備充分

The Prepared

個案研究：準備充分的獨角獸

幾乎沒有人真的為 COVID 作好萬全準備。但在世界永遠改變之際，特別有一位領導人已將實務和價值觀就定位，確保了公司的成功。Zoom 視訊會議（就是我們知道的 Zoom）的創辦人兼執行長袁征[62]已作足準備，迎接對他的服務需求遽增的那天來臨。他整個事業生涯都在為這一天準備。看遍競爭對手的成敗，他著手創造一種簡單、順手的方式，讓人可以透過視訊交流。Skype 太技術本位，有太多花俏的附加特色。Skype 跟其他競爭對手一樣，試圖為更多人提供更多功能。袁征則只要確定Zoom 能做一件事，把一件事做好。他堅守該品牌的使命：發展「一套以人為中心、能改變即時協作經驗、永遠提升溝通品質及成效的雲端服務。」永遠將使用者放在首位，袁征籌畫了完美的產品。任何人都可以用 Zoom。爺爺奶奶輕鬆上手，孩子也沒有適應的問題，而且容易到「傻瓜也會用」、萬無一失的地步，你還可以免費使用。世界或許沒有為 COVID-19 作好準備，但袁征已經準備好向世界推廣他的產品了。

幸運會眷顧準備好的人。做足功課的人向來已經在場上占有一席之地。但在當今世界，學習如何為工作、面試和一段關係作好準備這件事，已徹底轉變。這一章將給你一本指南，教你如何在新的世界作好充分準備，也會送你一把鑰匙，助你嶄露頭角、脫穎而出。

約翰·伍登（John Wooden）率領加州大學洛杉磯分校（UCLA）棕熊男籃隊（Bruins）在十二年內拿到十次全國冠軍。他廣受喜愛的原因不只是他在場上攻無不克，還有他獲致成功的方式。瞧，伍登教練每年都是以看似更適合托兒所的課程開訓：他教他的球員怎麼穿鞋襪。不是因為球隊不曉得怎麼穿鞋襪，而是經由重新學習穿鞋襪，他們會想起將影響球賽的細節。縐巴巴的襪子和沒繫緊的鞋帶會導致起水泡，水泡會影響表現，表現不佳就會輸掉比賽，戰績不佳就會失去贏得冠軍的機會。伍登提醒他的球隊，這些細微的準備動作，可能產生巨大的差異。

62 英文名 Eric Subrah Yuan，一九七〇～，美籍華裔企業家，視訊會議軟體公司 Zoom 的創辦人。

我們知道什麼？

童軍團（Scouts）的創辦人羅伯特・貝登堡[63]選了「準備」（Be Prepared）做為組織的格言。他寫道，準備的意思是「身體和心理都隨時保持準備好的狀態去完成職責；在心理上訓練自己服從每一道命令，並事先仔細思考可能發生的意外或狀況，如此便知道何謂正確的做法和適當的時機，並且願意去做。」

我們可以把「服從每一道命令」拿出我們的定義，但事先仔細思考絕對是獨角獸所鍾愛。

準備充分的事實：童軍團創辦人貝登堡一九四一年去世前寫了最後一封動人的信給這個組織。他呼籲童軍：「試著讓這世界變得比你們心目中更好一點，因而在輪到你們死去時，你們會覺得自己絲毫沒有浪費時間，且已傾盡全力，而能快快樂樂地死去。以這種方式『準備』，活得快樂，死得快樂——永遠信守童軍誓詞——即便在你們不再是男孩以後——而上帝會幫助你們做到的。」我沒有哭，是你哭了。

誰準備充分？安東尼・佛奇[64]

從馬蓋先[65]到瑪莉・包萍[66]到童子軍小羅[67]，我們相當清楚準備充分的人是什麼模樣。但在現實生活中呢？安東尼・佛奇就是這樣的人。要

63 Robert Baden-Powell，一八五七～一九四一，英國陸軍中將、作家，一九〇七年主持第一次童軍露營，被視為童軍運動的起源，一九二〇年被推舉為世界童軍總領袖。

64 Anthony Fauci，一九四〇～，美國免疫學家，以各種身分為美國公共衛生服務五十多年，參與愛滋病、H1N1流感及COVID-19等傳染病的防治研究。自一九八四年起出任歷任總統的醫療顧問，至二〇二二年十二月辭職。

65 影集《百戰天龍》（*MacGyver*）主角，擁有豐富的知識和過人的智慧，總能化險為夷。

66 電影《歡樂滿人間》（*Mary Poppins*）的角色，是名仙女保母，幫助一家人克服生活困難，重新體認親情的可貴。

67 Russell the Junior Wilderness Explorer，電影《天外奇蹟》（*Up*）的八歲男亞裔童子軍，與偶然認識的老人一起展開叢林冒險、克服險惡的環境和難以預料的危機。

作好特別的準備才能被白宮緊急召喚，並以一般人都能懂的語言解釋免疫學的細節。而要試著帶領一個分裂的國家嚴肅而冷靜地度過這場疫情，又需要更特別的準備工作。但佛奇終其事業生涯都在準備這件事，早在一九六八年就首度來到美國國家衛生研究院（National Institute of Health）。他自一九八四年起擔任美國國家過敏和傳染病研究所（National Institute of Allergy and Infectious Diseases）主任，並自雷根總統[68]開始，出任每一任總統的顧問。喬治．布希總統[69]授予總統自由勳章（Presidential Medal of Freedom），表彰他在愛滋病研究的貢獻。二○二二年八月，他宣布將於同年十二月自公職退休。時間將會告訴我們，沒有他的指引，美國人能為生存做多充分的準備。

我們看到什麼？

我最美好的聘雇經驗之一是雇用吾友荷莉（Holly）。很榮幸能跟她共事九年多，而她非常年輕就來我身邊工作了。那時她才二十三歲。我跟她面談了好幾次，但一切都要從她的堅持開始。

荷莉原本在一家公司當業務員，想做我的生意，但那不是我感興趣的產品，而且我不喜歡業務過來拜訪。我也真的不喜歡不死心的業務員。但荷莉還是一直打電話來。我屈服了，答應跟她開一場銷售會議。但我很快告訴當時我僅有的兩名同事（沒錯，那時我們這麼小）：「拜託你們誰去開這場會，因為她來的那一天我很忙。」

他們問她哪天會來。「我很忙的那一天。」我跟他們說。

荷莉來到辦公室，而原訂一小時、和我寥寥幾位團隊成員商談的業務拜訪，擴張成好幾個小時。那天我稍晚回到辦公室時，我的團隊跟我說：雇用她。

所以我們開始面談，大概第三次面談時，我問她：「所以荷莉，妳上班前六個月要做什麼？」

68 Ronald Reagan，一九一一～二〇〇四，第四十任美國總統。

69 George W. Bush，一九四六～，第四十三任美國總統。

她說：「首先我必須了解我們的客源，以及我們提供什麼。我需要了解公司。再來，我要花剩下的時間和心力來說服你做這件事。」

她抽出一張紙，是份簡報，寫著我為什麼該考慮聘用 HubSpot 來經營我們的集客式行銷[70]。我們聘了 HubSpot。我雇了荷莉。從此我們就叫她荷莉‧HubSpot，而敝公司也就此改頭換面。她準備充分地前來面試，聰明、不苛刻，但非常清楚她來這裡以後要做什麼。她展現了好多種獨角獸的特質，與她共事的這些年，我也從她身上學到好多東西。

為什麼招聘經理鍾愛準備充分的人？

當一名應試者展現他已投入心力了解你的公司，他明顯比漠不關心的應試者具有優勢。招聘經理通常不吃「滿不在乎」那套，所以最好是表裡如一、極力爭取，並展現你已作好準備，程度甚至超越了童軍。

如何在職場培養準備充分的同仁：

- 鼓勵進行「對手研究」（opposition research）。光是知道自己對某個論題的立場還不夠；1%的頂尖人士知道對手在反對什麼，且準備好因應之道。
- 練習用有建設性的方式給計畫和構想戳洞。這能幫助你的團隊設想所有情況，並作好準備。

來自獨角獸的報告

在獨角獸中，有5.38%自認是「準備充分者」。多數人都會在簡報和會議中發言，把事實搞清楚的重要性不言而喻。準備充分的好處太多了。

70 inbound marketing，有別於傳統強迫性的外推式行銷，集客式行銷指企業將自身業務內容上傳到影片分享網站及社群軟體，以利消費者進入瀏覽，並轉換成實際的採購行為，並透過蒐集及分析相關數據，持續改善企業銷售的流程與體驗。

準備充分贏得尊重和信任

史提夫（Steve R.）告訴我們：「為會議或簡報作準備時，我不僅要徹底了解自己的提案有哪些好處，也要確定自己熟悉可能遭到的反對，熟悉到能有力捍衛那相反的觀點，不下於任何支持那種立場的人。我發現徹底認識自己的立場，並能夠有力地提出反駁，他人會明白我充分了解情勢的所有面向。」他說這助他贏得更多辯論，他不會被視為只是在「強迫推銷什麼」。

艾蜜莉（Emily V.）也有類似經驗，並補充說：準備充分的效率高得多。「我生涯初期，一位恩師指出，大家開會遲到或沒作好準備，不知浪費公司多少資源。那句話一直深烙在我心底。這些年來我的職責主要在分析過程或程序，並提出如何改進的建議，期間歷任過很多職務。很多時候我說話的對象比我有經驗得多，如果我沒有作好萬全的準備，如果我無法解釋我的建議為何可行且適當，可能會失去對方的尊重，就算我原本是想幫他的忙。」

史考特（Scott H.）說，看起來準備好，幾乎跟實際準備好一樣重要：「準備充分就贏了一半。如果你準備充分，且外表和行為看似專業，人們會對你留下很好的印象，通常願意相信你。那能傳達你認為這項任務、這場會議，和相關人員很重要，而且你尊重他們的時間。」

準備充分能節省大家的時間

準備充分的人堪稱會議的「最有價值球員」，因為他們常會帶著對策或建議來，讓大家不必再開更多會。傑森（Jason M.）說：「花點時間為即將發生的問題預作準備，會有豐厚的紅利。事先準備能省下日後大量的時間，而這或許就會決定組織將向前邁進，還是卡在無止境的會議循環裡。」

準備充分帶給你信心

馬克（Mark E.）說：「出席會議或跟我會面的人，沒有人準備得比我更充分。他們可能準備得一樣充分，但從來沒有更充分。這些年來我學到，準備充分通常能在問題生成前解決，且能更快速、更輕鬆地解決現有的問題。我覺得準備充分彷彿帶給我更大的信心與他人互動，就算最後我準備的一切都沒有派上用場。」

我們怎麼做？

我的營運長高中時曾當選威斯康辛州綠灣小姐（Miss Green Bay Area）。擁有許多獨角獸特質（她正致力學習「迅速反應」）的她說，她不會擔心競爭激烈。她擅長長笛獨奏（她說只要勤加練習，她的貓說不定也會吹奏）；她的妝髮設計得完美無瑕，服裝小事一樁。唯一讓珍妮佛（Jennifer）緊張的是她無法掌控的事情：機智問答的命運。她很可能被問到和「周遭世界情況」有關的問題。

所以她怎麼做？她研究了周遭的「世界現況」。她的家人也一起。她可以告訴你有關盧安達大屠殺[71]和波士尼亞[72]、克羅埃西亞衝突[73]愈演愈烈的事。她叫得出每一個全球領導人的名字，也聲援每一個瀕危的物種。她的「世界現況」已準備就緒，隨時可以上場。

所以她贏得競賽——雖然她機智問答的分數是所有項目最低的。

結果她機智問答的問題是有關電玩的：她是否認為電玩暴力對她的世代不利？她只玩過朋友任天堂的俄羅斯方塊，對於這個問題的準備沒有如她所冀望的充分，但因為她用心準備過，這給了她信心有說服力地回答問題。

做功課

像珍妮佛這樣準備充分的人，在面試、會議、簡報之前都會做功課。

大衛（David R.）學會，就算他是出作業的人，自己也要做功課。「我當實習老師時，以為代數〈一〉可以隨興教教就好。我數學挺好的，以為我隨便出的作業，自己一定會做，結果很快發現完全不是這麼回事，實習課差點當掉。感謝指導教授看出我的潛力，給我第二次機會。我開始做足功課才出作業，並且每一堂課都認真備課。自此以後，不管要做什麼，我都會做好準備。我會花時間研究調查、提出問題、蒐集解決方案，讓我領導的人可以依賴我。」

71 發生在一九九四年四月七日到七月十五日盧安達內戰期間。在這一百天裡，全副武裝的胡圖族軍人大肆屠戮部分溫和派胡圖族人、特瓦族人以及做為少數族裔的圖西族人。

71 指從南斯拉夫聯邦獨立的波士尼亞與赫塞哥維納與多方之間的戰爭，持續時間為一九九二年四月一日至一九九五年十二月十四日。

73 指一九九一年至一九九五年，克羅埃西亞從南斯拉夫聯邦獨立出來時，克羅埃西亞人和塞爾維亞人之間因民族對立而引發的戰爭，雙方的種族滅絕罪行也受到非議。

「千萬不要以為你擁有你需要的所有資訊，」克利斯（Christy A.）提說：「做你該做的功課，讓你身邊圍繞著誠實和有知識的人。」

從各種角度看

一如「先發制人者」，「準備充分者」也要綜觀全局。巴斯特（Buster W.）說：「擬訂計畫時，想想主要的利害關係人會對計畫的每一個里程碑作何反應。最可能的反應是什麼？最好的反應呢？『壞到不能再壞的反應』又是什麼？想想如何解決『最壞的反應』，你就會作出周延的思考，之後獲得最好反應的可能性，也就大幅提升。」

要刻意

「要擅長某件事——任何事情——最好的方法是刻意努力、全心投入。」蕾貝卡（Rebecca M.）這麼說：「我會問：『要達成嚮往的目標，必須切實採取哪些步驟？』我會為了會議、開會的人和開會的目的做好準備。」

艾倫（Alan C.）說，他到今天還在採用他的恩師四十多年前給他的建議：

「『為工作擬定計畫，按計畫執行工作。』他告訴我。他強調要為每一個目標制定每週及每月計畫。接下來你要針對計畫實行情況做報告，也就是哪些有用，哪些無效。這種紀律幫助我在工作上更有條理、更有效率。」

約翰（John R.）的準備風格適用於工作和比賽。「就像你要參加比賽那樣練習。」他說。「我在指導我們的少棒隊和上班準備客戶會議時都會這麼做，這個秘訣強調的是，準備需要刻意，且聚焦在特定目標，不光是培養技能或忙著工作。事先界定目標、思索各種情況和可能產生的問題……或是考慮目前的比賽狀況，想想萬一球向你打過來，該作何反應。」

準備看重點囉！

- 準備充分的人能給人信心，輕鬆贏得信任。
- 寧可準備太多，也不要準備不及。
- 你永遠不知道電玩的知識何時會派上用場。
- 隨時作好準備，永遠不要停止。

7・自知

The Self-Aware

個案研究：有自知之明的獨角獸

琳西．史奈德[74]在三十五歲生日那天成了億萬富翁。身為西岸速食連鎖 In-N-Out 漢堡的總裁兼執行長，有自知之明是她能成功的要素。正是自知協助她熬過綁架活下來，並克服家人過世、婚姻失敗的艱困青年時期，而這也是她的公司能夠成功的半公開秘密。自她的祖父母在一九四八年創立 In-N-Out 以來，該連鎖店幾乎沒什麼變。

「我真的很想確定我們忠於我們最初的理念，那需要我做一個保護者。」她在接受《富比士》（*Forbes*）訪問時這樣說。菜單七十年沒變就是品牌吸引力的明證。種類很少的簡單品項透過精簡的流程新鮮供應，建立了品牌資產和一群狂熱的忠實顧客。史奈德明白快樂的顧客是快樂員工的產物，所以 In-N-Out 的待遇一直比其他連鎖業者來得高。經理級的年薪上看十六萬美金。這樣的自知加上對員工的愛護，使史奈德年年登上 Glassdoor[75]的最佳老闆排行榜。

世界從來沒有像現在這麼喧囂，或這麼奔忙。自我覺知的能力——明白缺點、了解自己位在關鍵對話的哪裡——或許比以前更稀有。學習自我覺知的過程，能助你從喧囂、忙碌的群眾之中脫穎而出。

我三十一歲的時候，獲休士頓第一長老教會任命為主任牧師。那是昔日塞繆爾·休士頓[76]上的教堂，也是這個城市歷史最悠久的教堂，而他們卻聘了史上最年輕的牧師坐鎮。我一時被沖昏頭，我不知道我並非無所不知。我不缺自信，或者說得更真確一點：我不缺傲慢。不過我也不缺願景。好啦，這裡就老實點：那不是願景，是閃亮事物症候群[77]。

我從來沒有經營過大型組織，我從沒當過大型教堂的主任牧師，我甚至從來不是大型教會的一員。現在回想這件事，若換成我的獵頭委員會評估這位三十一

74 Lynsi Snyder，一九八二～，美國企業家，繼承祖父母創立的 In-N-Out 漢堡公司，經營得當而成為億萬富翁。

75 為一允許用戶評論企業的網站，任何企業的現任及前任員工都可以匿名評論（前）雇主。

76 Samuel Houston，一七九三～一八六三，美國軍事家、政治家，德克薩斯共和國第一任總統，也是該國併入美國、改為德克薩斯州的首任州長。休士頓市即以他的姓氏為名。

77 shiny object syndrome，指人會不斷被新奇事物吸引，忽略原本擬定好的計畫，導致最終一事無成。

歲的威廉能否適任此職，相信我們會回覆他，想法具有建設性，但確切無疑會被淘汰。

而我確實支持自己的一個條件是：因為我三十一歲，我什麼都知道。

對吧？

我們知道什麼？

蘇格拉底[78]沒有寫下什麼東西傳世，但他有句名言一直活在後人心中：「認識你自己。」熟悉自己優缺點的人，以及誠實面對自己的人，最有可能成為獨角獸。

有自知之明不只是件美好的事。當然，那能讓你的人生更輕鬆，也能讓與你互動的人過得更輕鬆。我們多希望客人在決定要在我們家裡待多久的時候多點自覺呢？自知，一如獨角獸擁有的許多特質，是種求生技能。

請再想想我們史前時代的祖先。誰的生存機會比較高呢：是以為自己跑得比巨型鬣狗快的人？還是知道自己跑不贏的人？有自知之明、明白自己的侷限，可以救你一命。當你過度自信的哥兒們還在外頭努力當適者生存的適者——而後失敗，你可以安穩地待在樹上、幫那頭野獸測速，安全無虞，因為你知道自己不是牠的對手。

今天的自知

坦然面對自己的能力，你的祖先才能活得夠久來繁衍後代。今天，這些技能則和你的日常生活能否順利息息相關。有自知之明，你就不會害自己置身險境或自討苦吃。知道你搭國際班機就會形同行屍走肉？有此自知之明的人會預留適應的時間，不會一下機就直直衝進會議中心發表專題演講。參與重要會議前容易失控地盜汗？有此自知之明的人曉得要穿黑色或其他防汗的選項，騰出時間坐在空調超強的地方、盡可能排除壓力，再進入會議室。至於我，我發誓，我夠了解自己，就算在休士頓火箭隊的球賽，他們叫到我的票根號碼要我參加半場投籃[79]得大獎，我也不會離開椅子。我絕對投不進的，啦啦隊甚至不必特地把那張巨型泡棉支票拿出來。

78 Socrates，前四七〇～前三九九，古希臘哲學家，被認為是西方哲學的奠基者。

79 指在籃球比賽中，球員站在場地的中間位置，通常是在場地的中央線或半場線附近，從這個位置進行投籃。

正面觀之，明白你的長處將允許你取得獲勝的位置。舉洋基隊名人堂投手馬利安諾．李維拉[80]為例。他可以自信滿滿地在第九局踏上投手丘，因為他是終結者。他知道他可以守住洋基的領先，球隊也知道。那就是人盡其才，適才適用。

同樣的事也發生在一般人身上。我有足夠的自覺，知道我的強項在哪裡。我最喜歡的？公開演說。我或許不是每一次都覺得平靜、冷靜、鎮靜，但通常如此。而在少數我無法做到的場合，我當然可以在電視上或其他地方故作平靜、冷靜、鎮靜。把我放在群眾面前，我就會高興地暢所欲言，你想要我講多久，我就講多久。我熟知聖經的章節，也有幸在人生體驗過，這當然有幫助。我有很多素材可以援用，我也深知自己知道那些，我的團隊也知道。每一種情境我都有故事可以講，而不管主題是什麼，我總是能找到岔路延伸下去。

我說這些不是臭屁，你列出你的優點也不是臭屁。知道自己可以充滿信心、熟能生巧地做些什麼，是脫穎而出的必備條件。

我們也知道，自知讓你更善於尋找對策。自知會帶來至少一小撮的謙遜，所以當一個有自知之明的人遇上難題，他們可以退一步看待問題。自知是了解自己的一切，但也知道那不是全部的你。無論遇到何種危機，自知的人始終保持平穩、致力達成目標。魯德亞德．吉百齡[81]詩作〈如果〉（If）的頭幾句就精闢總結了自知可以如何助你度過危機——重點在於在舉世倉皇失措時保持冷靜。多虧自我覺知幫助他們集中心力、穩定情緒，獨角獸可以做到吉百齡所述。

但那並非全是堅忍不拔、咬緊牙關，自知的人通常也比較快樂。《哈佛商業評論》（*Harvard Business Review*）在二〇一八年就針對這個主題刊登過一篇出色的報導——當年，如果你有印象的話，「自我覺知」開始蔚為業界的流行語。他們的調查以二〇〇四年《社會和臨床心理學雜誌》（*Journal of Social and Clinical Psychology*）（什麼，你不是訂戶？）發表的研究為基礎，結果發現，自我覺知原來是許多快樂的關鍵。自知的人在工作上更富創意、更見成效、人際關係較佳、是更優秀的領導人，較可能獲得升遷。就認識自己這件事而言，無知不是幸福。

80 Mariano Rivera，一九六九～，巴拿馬裔美籍職棒選手，生涯都效力於紐約洋基隊，拿下六百五十二次救援成功，為大聯盟史上救援王，二〇一九年首次候選即以100％得票率入選美國棒球名人堂，為史上第一人。

81 Rudyard Kipling，一八六五～一九三六，英國記者、小說集及短篇故事作家及詩人，生於印度孟買，一九〇七年獲諾貝爾文學獎。詩作〈If〉的前兩句為「If you can keep your head when all about you/ Are losing theirs and blaming it on you,/ If you can trust yourself when all men doubt you,/ But make allowance for their doubting too;」（中譯：假如舉世倉皇失措，人人怪你，而你能保持冷靜；假如舉世見疑，而你能相信自己，還能原諒他們的懷疑。【讀者文摘版】）

為什麼招聘經理喜愛自知的人？

別人需要告訴你的事情愈少，事情就愈順利。招聘經理欣賞像有自知之明者那樣思考的人，因為他們比較不會在會場占用無謂的空間、浪費你的時間，或讓別人不自在。如果獲得有建設性和真誠的回應，他們會銘記在心。有自覺的人對公司文化彌足珍貴。

在職場培養自知的秘訣：

- 請同仁在開會時留意自己的習慣：他們滔滔不絕、只想說贏別人嗎？他們會為了說話而說話嗎？
- 想想評價，請同仁仔細斟酌他們給予的回饋可能產生哪些影響。他們提供的資訊真的有幫助嗎？
- 提供機會給有建設性的回饋、正向的評論，讓隊友分享在彼此身上見到的好事。

● 考慮盡可能分配能讓員工發揮長才和符合喜好的任務，如果約翰喜歡做會議紀錄、史提夫可以負責安排午餐、希拉蕊不介意擺簡報幻燈片，就沒有理由讓他們輪流做他們厭惡的事情，一分鐘也不必。這基本上就是三百六十度自我覺知的範例，所以如果你能做到，就會大大加分。

誰有自覺？桃莉・巴頓[82]

我覺得沒有誰比桃莉更有自覺了。她塑造誇張的形象，讓那成為她的品牌，成為仁慈、慷慨、有同理心的同義詞——更別說絕妙的音樂才華了。她常說這個故事：小時候，她的鎮上有個女子名聲不佳，她卻極為仰慕那名女子的風格。大家都說那名女子「低俗」，桃莉卻獨鍾她蓬鬆浮誇的髮型和緊身衣。在民智沒那麼開放的時代，桃莉曾因她建立的

82 Dolly Parton，一九四六～，美國鄉村歌手、詞曲作者、演員和慈善家，以獨特的女高音、幽默的言談、華麗的服飾和性感的丰采著稱。唱片暢銷且獲獎無數，包括九座葛萊美獎，亦入選鄉村音樂名人堂。

形象飽受批評，但她明白自己要什麼，知道什麼事情可以讓她樂在其中，別人講的都不算數。「發掘你是誰，並刻意做自己。」桃莉．巴頓說。

我們看到什麼？

仔細想想，我們都從其他人的自知獲益。那基本上就是將艾蜜麗．普斯特[83]的《禮儀》（*Etiquette*）化為行動。當有人在地鐵挪動身子騰出空間給你，那就是自知。當某人原本可以滔滔不絕地講某個主題，但沒有，因為他知道別人有別的地方要去、別的事情要做，那就是自知。當有人依照標語的建議擦拭了飛機洗手間的迷你檯面，那就是自知。

自知是我們為了讓他人更好，而和自己訂立的契約。

自知也為我們效勞

我永遠不會忘記為一新職面試吾友艾瑞克（Eric）的經驗。那時我們是為一個能見度極高的客戶：南加州一間規模宏大的組織進行調查。我傳簡訊給艾瑞克看他感不感興趣。幾天後他回訊說：「我要跟你講一件你絕對不會相信的事。」

所以隔天我們通了電話，他告訴我，我傳訊息給他的時候，他正和女兒出外旅行，地點正是南加州。就在我傳訊問他是否感興趣之前，他的女兒才問他接下來想做什麼。他告訴她，他可能會繼續待在現職，可能會被請去另一家公司當執行長，也有微乎其微的機率，會決定去某個地方當牧師。

他的女兒問他，如果他決定要當牧師，想去什麼樣的教堂當。他回答：「這個嘛，不要在大城市，但要在大城市附近。必須是正經歷某些人口結構轉變的城市，因為我在這樣的地方服事得最好。老實說，或許必須靠海，因為媽跟我在那裡會很開心。」

艾瑞克曾在南邁阿密擔任牧師，那是個相當富裕的社區，當時正經歷顯著的人口變遷。他在那裡如魚得水。他靠海。他不在大城市裡，但靠近大城市。艾瑞克有足夠的自知，明白什麼樣的環境，適合他接下他在其他情況可能不會考慮的

83 Emily Post，一八七二～一九六〇，美國作家，以探討禮儀的作品聞名於世。

工作。我傳給他的工作是什麼樣子呢？靠近洛杉磯，但不在洛杉磯。在一個富裕而正經歷顯著人口變遷的社區。最後……靠海，在沿海地帶。

當他告訴我他剛跟他女兒說他可能去哪裡時，我真的嚇到了。這展現了何等的自知啊——那同時根植於他過往的成就與經驗，以及他的熱情和個人喜好。這太罕見了。所以，毫無意外地，艾瑞克再次獲得成功，獨角獸當之無愧。

來自獨角獸的報告

在應答者中，有8.38％自認在自知這個項目表現最優異。這使它成為第四常見的特質。自知會以各種方式、橫跨生活各個層面裨益我們的獨角獸。

自知能營造更優質、更高效的文化，以及更快樂的團隊

獨角獸安德魯（Andrew E.）發現，自知的領導人是較好的領導人、較好的同事、也能打造較好的團隊。「他們會營造健康的工作環境，因為他們會樹立領導的典範和氣氛，也會抑制自己的自尊。換句話說，他們不會認為自己永遠是正確

的，他們會求助，他們了解自己不是無所不能——有時甚至會說，下屬比他更擅長某件事。」他告訴我們。

另一方面，他繼續說：「就我個人的經驗來看，沒有自覺的領導人，會營造有毒的環境、不健康的幕僚，而他們自己顯然也是不健康的人。我發現有自覺的領導人會形塑謙遜的僕人式領導，缺乏自知的領導者則流於自我陶醉。自戀的人可能會得到一些成就，但一旦離開，他們留下的混亂就會暴露無遺。這種情況屢見不鮮。形塑自覺式領導的人，他們的成功具有持久力，因為成功『不必在我』。」

拉爾夫（Ralph K.）說，自知是建立健全團隊必備的能力。「自知之明讓我明白自己的優缺點——其實是每一個人的優缺點——確保大家能良好地通力合作。」

「你會發現如果你是有自知之明的領導人，就能打造更好的團隊，」亞當（Adam Q.）同意：「你會自然地填補你的盲點，你會是比較謙卑、但更有智慧的領導人。與自知攜手而來的，是你會想更深刻了解隊友和你所領導的對象。深入了解他們之後，你會知道如何更妥善地回覆他們的反應、如何辨別他們的健康狀況、如何利用他們的特殊能力、如何有效地向他們表示欣賞與感謝，還有更多更多。」

獨角獸克莉絲汀（Christine B.）提醒我們，自知的好處不只是軼事，更是準則。

「我的領導團隊裡有大學生，」她說。「而他們教我，要當一個優秀的領導人，自知是重要的面向。有了自知，我的溝通技巧進步了，也懂得如何透過彌補我比較弱的領域，或尋找更擅長那些事務的人，來建立更好的團隊。」

工作上的自知

麥可（Michael Z.）有充分的時間，也擁有許多不同的歷練來微調他的自知：「我擔任牧師超過四十年，服事過九間教堂。在那段期間，我有很多機會嘗試不一樣的事情。我一邊省視自己，一邊從教區居民身上獲得回饋，慢慢了解我哪些事情可以做得好，哪些則力有未逮。這幫助我日後在受教會面試時更能侃侃描述自己、我的才能、我的牧養風格，以及我如何處理各種境況。我可以跟教會說：『如果你們召喚我擔任你們的牧師，你們會得到這些，而這些是我不會試著去做的。』身為牧師，我雜而不精，但我知道某些事情我做得比別人好。」

麥可是以牧師的身分說這些話，但這適用於所有求職者。正如有自知之明的人較善於為成功調整自己，他們也從一開始就更清楚哪些事情適合他們，哪些事情無法勝任愉快。

人生的自知

一如獨角獸共有的十二項特質，自知對於人生的圓滿，和工作或領導方面的成就一般重要。喬許（Josh P.）這麼說：「我發現這十二項獨角獸的特質都幫助我在工作和人生獲得成功，但有自知之明真的讓情況截然不同。我常捫心自問：『為我工作的感覺怎麼樣？』或『聘我當員工或下屬的感覺怎麼樣？』和『嫁給我的感覺怎麼樣？』」

史考特（Scott W.）說，明白自己的弱點幫助他了解，他為什麼會是現在這副模樣，以及如何克服。「要作決定時，我常慢條斯理，喜歡過度分析，盡可能多蒐集一點資訊來確定自己不會採取令我困窘的行動。」他說。「因為我深知自己有那種傾向，我可以催促自己提早在感覺得到充分資訊（這以往意味「蒐集過多資訊」）之前行動。甚至逼自己在感覺痛苦時行動。這讓我可以快點起步，也認清這個事實：就算我會犯錯，也不是無可挽回。迅速行動的好處，遠遠超過沒有感到百分之百舒適的風險。」

傑夫（Jeff H.）說他的自知已促使他更了解身邊的人。「那不只是意識到自己的優缺點，也能了解他人的優缺點，以及驅策每一個人的因素。」他說。這幫助他在他的專業及志工生涯都營造出愛的文化。「接納並非由表現決定。幹大事能贏得肯定，但肯定也來自於察覺和表彰某人在小事上獲得成功。這也營造出這樣的文化：修正可以是健康的，會帶來改變，而非羞恥。」

我在前面說過，自知可能促使我們放下自尊，而在面對挑戰時贏得更好的結果。馬諾伊（Manoj J.）在接受意見調查時凸顯了這一件事，說自知「讓我可以洞察自己傾向做什麼，以及為什麼傾向用特定的方法做某些事。這種覺知幫助我提升生產效率，讓我能夠正面回應艱難的處境，因而比較容易度過難關。」

趣聞：前美國總統狄奧多．羅斯福[84]是響叮噹的人物，以許多大膽無畏的行動和特立獨行的人格聞名，尤以長篇演說和夾鼻眼鏡著稱。一九一二年，有人企圖暗殺他，在他於威斯康辛州密爾瓦基準備發表演說時瞄準射擊。羅斯福中槍倒地，但沒有喪命。子彈被他擺在胸前口袋裡的東西擋了一下：厚達五十頁的長篇講稿和鋼製眼鏡盒。由於有高度的自覺（或許也分泌過多的腎上腺素），羅斯福站起來，拍掉身上的灰塵，說：「這槍還不足以殺死一頭公鹿。」

我們怎麼做？

別指望自知在一夕之間會有奇蹟出現，因為那要花一輩子的時間才能做到盡善盡美。所幸，我們可以即刻動身踏上這條通往更有自知的路。獨角獸們告訴我們怎麼做。

保持謙遜，要有耐心

你不知道自己不知道什麼。留一些空間給你不必全盤了解的可能性。謙遜與示弱是你的朋友。

丹尼爾（Daniel B.）說得率直：「在我看來，自知的關鍵是示弱。」

在應答者可以（也確實）寫下幾百字的問卷調查裡——雅各（Jacob B.）採取的方針與丹尼爾類似（我確定他們不是親戚）：「謙遜是自知的關鍵。」

84 Theodore Roosevelt，一八五八～一九一九，臺灣俗稱為老羅斯福，共和黨籍，一九〇〇年當選副總統，一九〇一年於總統威廉·麥金利（William McKinley）被暗殺身亡後接任總統，後於一九〇五年連任。

對我們很多人來說，謙遜是嘗到慘痛的教訓才學會的。但那些教訓會留下來，讓我們成為更好的人。麥可就是這樣的人。

「在我擔任牧者之初，我犯了錯，忤逆一位德高望重的退休牧師。」他告訴我。「我沒有理會他的話，聽從他的想法，反而堅持己見。當他抽身不再支持我，我向我的恩師稟報，恩師給了我嚴厲但有用的忠告和批判。我回去找那位老牧師，承認自己的過失和缺點，然後閉上嘴巴聽他講。」

保持示弱和謙卑，你便是敞開自己，迎向你或許從沒想過的可能性。這是好事。尤其，有自知之明的人總是能解讀房裡的情況，為觀眾調整自己。比如：你對飛機餐的看法在某些情境中，可能不若其他情境那麼被聽眾接受。保持謙遜，永遠把你的觀眾和你的目標放在心上。這些看似表面工夫，卻是培養自知的重要面向。

葛瑞格里（Gregory S.）說：「我也察覺到，我的優點可能在某些情況變成我的缺點，因此我需要清楚知道我在跟誰說話，或是我在進行什麼樣的計畫。」

年齡也會帶給我們自知的禮物。馬克（Mark C.）解釋：「說實在的，我覺得時間和年紀在這裡幫了大忙。以前未必如此，但到了六十歲，我真的能夠誠實地認清限制和天賦，視每個人事物所需，給予感謝或和解。」

如果其他做法都失敗，請耐心等候。自知會找到你的。

信任他人，開口問

要實現更高的自知，最快的方式也是最難的方式。你必須信任他人，仰賴他人告知你的盲點。這不見得容易，但值得。

並非人人都像傑森（Jason W.）那麼走運：他甚至不必開口就能獲得有建設性的回饋，幫助他建立穩固的自知。他有個智慧超齡的妻子，而他將他自我覺知上的成長歸功於她。「年輕時，我是那種自認『無所不知』的典型。我不想聽到任何人說我做錯什麼，或者有更好的做事方法。」

（這句話擊中我的要害，我曾是那個無端自信滿滿的三十一歲新貴。）

「謝天謝地，」傑森繼續說：「我年輕的妻子溫柔、有耐心、有話直說，她幫助我『成長』且變得謙遜。」

請愛你、在乎你成就的人，給你有用而誠懇的回饋吧。當你用完他們的建議，請轉而求助於你信任的朋友和隊友。

史提夫（Steve W.）說，如果你想知道，就得開口問：「我學到最難啟齒但最有助益的一個問題是：『我的另一面是什麼樣子啊？』當我有勇氣向與我關係密切的人提出那個問題（而他們也有勇氣對我坦承），我會得知非常明確的、連我自己都未曾意識到的優缺點。」

開口問固然不容易，但非常值得，納珊（Nathan A.）跟我們保證：「我花了很多時間讀書、做測驗，但對於提升我的自知，最有用的做法是請人給我回饋，用心聆聽。很容易築起防衛，但聆聽、思考、處理我聽到的一切回饋，就是最好的老師。」

蘇珊（Susan D.）相信她有「接受批評的雅量，能問別人那種難以啟齒、關於你的行為和工作習慣的問題。」

她說：「我總會問員工：『我怎樣可以做得更好？』我總是希望他們給我意見。學習自知也（我相信）卸除了我的防衛（也可能是因為年紀大了）。我一直想成為更好的經理人、同事、朋友、媽媽等等。你愈努力去做，那就會變得愈容易。那會自然成為你人格的一部分。」

亞德里安（Adrian S.）支持蘇珊「會變容易」的理論。「我讓尋求回饋成為一種生命的韻律，」他說。「就跟呼吸一樣。我尋求回饋的次數，比吃飯還頻繁。」

好啦，我不是提倡放棄食物追求回饋。畢竟人光靠回饋是活不下去的，但亞德里安如此執著地詢問這些難以啟齒的問題，正是他成為獨角獸的原因之一。

他也建立了一套請求和得到回饋的基本規則。

亞德里安的回饋參與規則如下：

- 你看起來會缺乏安全感，你必須願意冒這樣的風險。
- 說清楚你為何這樣問。例如：「像這樣尋求回饋是我的運作方式。我不是對自己沒把握；只是想知道你們看到什麼。」
- 讓人們了解你允許他們給你回饋，向他們保證你不會翻臉。
- 務必讓給你回饋的人知道，你未必會照他們的建議去做。
- 不過起碼偶爾會參酌他們的意見調整。

明白你的侷限……也知道何時該挑戰極限

如我在這一章前面提到的，明白你的侷限對自知非常重要。如果在工作場合喝一杯慶祝用的氣泡酒，就會像灌一瓶威士忌那樣重創你，請不要喝。同樣地，如果你知道你在截稿期限前容易備感壓力，請讓你團隊知道可能發生什麼事，並依此做好打算。只要練習謙遜並請求回饋，你很快就能發掘你的優缺點。

梅根（Megan C.）親眼見證了解自己優點的好處：「要達成目標，明白你的侷限是最容易也最有效的方法。當你超過負荷、誇大自己做某件事情的能力，一旦結果與你的承諾不符，你和你的團隊將遭受重創。寧可全心投入三個領域，把那三個領域做好，也不要過度投入，讓其他十個領域的失敗給你真正擅長的三個領域蒙上陰影。讓大家知道你擅長什麼，那能帶領你走長遠的路。」

有時，當你發現自己需要尋求外援，你就找到自知了。

「我相信在我可以做出變革的領域，請人給我回饋非常有用，我真的這樣相信。」阿龍（Aaron C.）說。「但當改變不可能發生，我會把那些領域全權委託出去，由別人幫我們做出改善，到必要的水準。」

蘿拉（Laura T.）天生明白何時該聚焦於她的長才，也珍惜這種天賦：「我是經由培養領導力而更加了解自己，在此過程，我發現我需要覺察自己的長處來盡可能發揮，也需要明白自己的弱點，才能去找其他精通那些領域的人來創建一支團隊。走過人生不只是關於我能靠自己做什麼，更是關於我們在『有自覺、有共同關心的事情』時，可以一起做些什麼。這些實務已幫助我在我較弱的領域成長，但歸根結柢，我知道我需要把我最好的心力放在我擅長的領域。」

你愈了解有些事情就是不適合你，愈常見到別人搞得定，就愈有自知之明。李奇（Rich G.）說這樣的自知是他能有效經營組織的基礎：「我年輕時常逞強。我喜歡『逞強』這個詞，那真的精準又生動。當然，我們都以為自己可以做得更多，但我已經學到，一旦我正確無誤、毫無加油添醋地知曉我的能力，我們就能做出更精確的計畫。沒錯，你永遠可以挑戰你的極限，但你不能在『希望』的氛圍裡計畫。」

這不是說，我們的限制就該是定義我們的界線，不是說任何在界線以外的事情，我們都該另請高明。我們的侷限該做為一條基準線。如果你從來不想在五千人面前站起來說話，那也無妨。但若能克服弱點、成長茁壯，最後一定會得到回報。

我寫這本書的時候是在一月底，我很多團隊成員正在熱切執行許多新年新希望。一個同事開始跑步，這讓我想起我第一次愛上長跑的時候，剛開始並不容易，但我知道我的侷限在哪裡；或者說，我那一天的極限在哪裡。我每一天出門跑步，都會努力多跑一盞路燈。隨著我在社區人行道砰砰前進，我會記下我前一次是在哪裡折返，這次就往前多跑一盞。

當你了解你的侷限，就知道怎麼挑戰它，而那就是獨角獸精益求精之道。如納桑尼爾（Nathaniel P.）所總結：「自知之明能讓你就絕佳成長位置。」

自知是一輩子的旅程，但別忘了，培養自知絕對值得。記得嗎？自知會帶來快樂。傑出的史考特就學到這點：「我必須先經歷過認識自己的艱難過程，才能擔任更好的領導人，並且更享受我的人生——與我愛的人。」

該知道的重點

- 自知是一種社會契約，對你和生活在你周遭世界的人都有好處。
- 自知能帶來效率、運作更健全的團隊，以及快樂。
- 可以透過演練謙遜和耐心、委託他人幫忙、了解自己的侷限和推動自己的成長來培養自知。
- 夾鼻子眼鏡和厚厚的演講稿能救你一命。

8・好奇

The Curious

個案研究：好奇的獨角獸

說來奇妙，史上最成功的一位社會創業家是從一名丑角起家。大學時，威廉．羅森茨維格[85]對經驗心理學深深著迷。「什麼可以改變人的想法和觀念？人怎會產生徹底轉變的經驗呢？」當年大學還不存在這樣的主修科目，因此羅森茨維格結合戲劇（進入啞劇界）、電影和商業，創造了他自己的研究路線。這個問題始終沒有離開他的腦海。在一間日本茶室產生徹底轉變的經驗、愛上茶的文化和價值後，羅森茨維格開始探究不同類型的商業模式——將價值內建於公司架構中的模式。「那時我比較像是『想要創業的人』而非創業家。」他說。一次，在橫越美國的班機上，坐在羅森茨維格旁邊的男子「活脫是直接從香蕉共和國[86]走出來的。」因為，原來，他正是香蕉共和國的創辦人梅爾．齊格勒（Mel Ziegler）。他倆都在飲料車經過時要了茶，都馬上被那苦澀的滋味和低劣的品質嚇退。羅森茨維格讓好奇克服恐懼，說：「我們何不開一家茶公司呢？」兩人分手後便開始互相傳真，討論這門新生意。那些傳真——從充滿好奇的新手羅森茨維格傳送給猶如禪師的齊格勒——後來集結成一本名叫《茶葉共和國》（*The Republic of Tea*）的書，也成為創建價值導向企業的經典。茶葉共和國大獲成功（秘辛？羅森茨維格說：供應比較好的茶），至今羅森茨維格仍在運用他的好奇心投資能一點一滴幫助人們改善生活的企畫。

史蒂夫·賈伯斯[87]曾說：「我順著好奇心和直覺偶然撞見的事物，後來大多變成無價珍寶。」的確，人類許多偉大的思想家，從蘇格拉底到愛因斯坦[88]，都讚揚好奇是成功的要素。但要充滿好奇並不容易，畢竟我們不是到處都有魔法藥水可以喝[89]，有兔子洞可以爬進去[90]。而固定在我們身邊出現的事物平庸至極、無聊透

85 William Rosenzweig，美國企業家，「茶葉共和國」的創辦人，以販售高級茶品享譽美國。

86 Banana Republic，美國服飾品牌，創於一九七八年。

87 Steve Jobs，一九五五～二〇一一，美國企業家，蘋果公司共同創辦人、董事長、執行長。

88 Albert Einstein，一八七九～一九五五，德國猶太裔理論物理學家，「相對論」之父。

89 一如《哈利波特》中的魔藥（Potions），J. K.羅琳創作的魔法混合物，有些魔藥能複製咒語和護身符的效果，但也有一些魔藥的效果獨一無二。

90 指《愛麗絲夢遊仙境》的主角愛麗絲，因為追逐白兔而掉下兔子洞並進入仙境。

頂，這樣的我們真的有辦法憑空培養好奇心嗎？

當然可以！你不必天生具有好奇的驅動力，你可以自己創造。你可以學會在最平凡的事物中找到趣味、問問題，並饒富興致地聆聽答案。獨角獸就會這麼做，我也會教你怎麼做。

我們知道什麼？

「沒有好奇心的人跟死了差不多，」茱迪・布魯姆[91]這麼說，也真的是這樣。身為人類，我們天生具有好奇心，事實上，那是人類最棒的事情了。從過冰橋由亞洲過來這裡的北美克洛維斯人[92]，到願意名副其實把自己射進太空、只為了看看那裡有什麼的勇者，好奇正是我們從古到今一直在做的事。

「我認為，孩子出生時，如果母親可以請神仙教母[93]送給他最實用的禮物，那份禮物就是好奇心。」愛蓮娜・羅斯福[94]寫道。我認為「好奇是最實用的禮物」這句話，她說得對極了——起碼在排行前十二名。但我也相信我們每一個人其實天生就擁有好奇心，不需要什麼神仙教母啦。儘管獨角獸的其他十一項特質大多可以後天花時間學習，好奇卻是原廠設定。

好奇不會讓世界轉動，但正因好奇，我們才知道什麼會轉動

科學是好奇心在運作。哥白尼[95]好奇地球是怎麼動的，會不會剛好是我們繞太陽運行，最後提出後人所謂的哥白尼日心說（heliocentrism，或稱地動說）；亞歷山大．弗萊明[96]好奇他培養皿裡面的黴菌如何能殺死細菌，於是發現了青黴素（盤尼西林）；瑞秋．卡森[97]懷疑ＤＤＴ會對環境造成衝擊，於是寫了《寂靜的春天》

91 Judy Blume，一九三八～，美國兒童及青少年文學作家。

92 Clovis，二十世紀末的主流考古學家相信克洛維斯人在冰河時期由西伯利亞從白令陸橋橫渡白令海峽來到阿拉斯加，後創建克洛維斯文化。

93 fairy godmother，童話《灰姑娘》中的角色，神仙教母只要揮動她的魔杖，就能變出禮服和玻璃鞋。

94 Eleanor Roosevelt，一八八四～一九六二，總統富蘭克林．羅斯福之妻。

95 Nicolaus Copernicus，一四七三～一五四三，文藝復興時期的波蘭數學家、天文學家。

96 Alexander Fleming，一八八一～一九五五，蘇格蘭生物學家、藥學家，一九二八年發現青黴素，開創了抗生素領域，一九四五年榮獲諾貝爾生理學或醫學獎。

97 Rachel Carson，一九〇七～一九六四，美國海洋生物學家，著作《寂靜的春天》開啟美國乃至全球的環境保護活動。

（*Silent Spring*）一書，開啟現代環保運動……族繁不及備載。

科學是明顯的例子。我們很容易看出科學和好奇心是如何在改善所有人類生活的道路上並轡而行，但科學發現不是好奇唯一的表現。每當我們由衷對某個人感興趣、受到自然頻道的某個節目吸引，或被孩子的研究計畫迷住（他們早就去睡了，我們還在鑽研吊門在中世紀初歐洲堡壘建築的用途），這些都是好奇使然。不只有科學。好奇是左右張望，環顧四周，讓我們的大腦著迷沉醉。

好奇能自我強化，且對大腦有益

你知道為什麼當你發現令你好奇事物的答案，感覺會那麼愉快嗎？因為多巴胺（dopamine）。我們的大腦真的會因為我們好奇並發現事物的「為什麼」而給我們獎勵。正是多巴胺在我們找出為什麼病假簿叫「羅經櫃名單」（binnacle list）、或那些像內褲一樣的高爾夫球褲叫什麼名字後，帶給我們飄飄然的感覺。而誰不想再次追逐那種興奮呢？

當我們的大腦受好奇心驅使而追求知識，我們比較可能記得輸入的知識。這項發現是老師允許學生跟著興趣走的部分原因。四年級學生或許會在語言藝術課裡寫傳記，但老師也鼓勵每一個孩子研究他們感興趣的人。結果證明，如果主題是我們好奇的事物，我們會學到更多、在乎更多、留住更多。

研究證實好奇對你的心理健康有益，例如在你好奇與探究時，焦慮無法與你大腦產生的「感覺良好」和心理「擊掌」相容。此外，只要對自己以外的事物感到好奇，就可以讓你處於更好的精神狀態。問候一位可能正經歷焦慮或艱難時刻的朋友或摯愛，或許就足以消除你自己的焦慮，因好奇心獲得滿足而多賞你一點多巴胺。

記得隨時保持好奇並不容易。人生會阻礙你。一直。但請盡可能遵循作家克萊麗莎・平蔻拉・埃思戴絲[98]的建議：「練習傾聽你的直覺、你內心的聲音；問問題；保持好奇；看你所看見的；聽你所聽到的……這些直覺的力量在你出生時就賦予你的靈魂了。」

趣聞：魯德亞德・吉百齡一輩子維持旺盛的好奇心，也不斷進行探索。

98 Clarissa Pinkola Estés，一九四五～，美國作家及榮格心理分析師，最重要的著作為《與狼同奔的女人》(Women Who Run with the Wolves)。

他在印度出生，住過印度好幾個地方，也住過美國和英國。他也常去日本和其他亞洲地區旅行。他擁有比一般人多的機會和特權，不時反省那個時代的殖民主義信仰體系。吉百齡絕不完美，但他向我們展現世界的方式滿滿流露著靈感。

為什麼招聘經歷喜歡好奇寶寶？

如果應試者好奇心旺盛，代表他是真的受你的公司吸引，不只是對薪水感興趣。要判斷應試者是否願意在職務上繼續學習和成長，好奇是絕佳的預測方式。

在職場培養好奇心的秘訣：

- 撥時間和預算給想要在某個學科或技能學習更多的團隊成員。
- 當挑戰出現，練習先問問題，再丟出解決方案。

● 花點時間，透過提供團隊自由選擇的午餐和其他經驗來在更個人的層面認識團隊成員。

我們看到什麼？

人人生來好奇。那就是你所能獲得的最佳基礎。但當你日漸成長、學到愈多，逐漸把好奇心推到一旁，就會開始陷入掙扎。獲得驚奇與發掘的童心很容易。要維持就難了。

只要留心，你很快就能分辨你感興趣的那個人是依舊保有好奇心呢，或是任憑沉悶乏味的日常生活，把好奇心趕出去了。

有些好奇寶寶比其他人耀眼，因為有些好奇寶寶是獨角獸

我在休士頓第一長老教會擔任主任牧師時，會眾之一是參議員勞合・班森

（Lloyd Bentsen）。他當時擔任柯林頓總統[99]的財政部長。班森參議員逝世後，我受託舉行葬禮，就在我發表談話前，家屬詢問，是否有人可以致悼詞。而我就像抽中公開演說的下下籤，最後我得在柯林頓總統致悼詞之後說話。

葬禮之前，我們先為家屬和親近的同事進行一場小型私人墓前告別式，在那之後和主儀式之前，我們安排了一點時間給從華盛頓遠道而來的親朋好友及同事探視。但天公不作美，大雨傾盆而下。我們只好請大家移駕回教堂，參加主儀式前的大型公開接待會。為了避免柯林頓總統和群眾接觸——也避免安全上的風險——我問總統能否和我待在我的辦公室，直到儀式開始。後來我們共處了好一段時光。

我們進入辦公室時，我試著問柯林頓總統一些關於他的問題。我以為他會很樂意談論自己，畢竟多數人是如此……

可是他，一如我相處過幾乎每一位超級成功的人士，堅持把話題轉回我身上。

我問了總統一個關於他的問題，他指著我桌上一本小冊子，問：「你要去希臘旅行啊？你真的該見見我為希臘正教[100]服事[101]的朋友。」

我很想偷笑，但我回答：「沒問題，總統先生，我會google他的聯絡資訊。」

我又轉移話題，問他手腕上戴的紗線鐲子，我說我認得它。他告訴我，那是一個資源不足國家的兒童送他的，接著問我怎麼會知道它。我說我認識一些在那個地區進行賑災工作的人。於是他又說了，我一定得認識他在那裡的某個朋友。

不管我多努力試著把話題轉向他，他總能四兩撥千斤，又把話題轉回我身上。這讓我覺得，房間裡面好像只有我一個人似的。而不管其他人在政治上怎麼想，我離開那次會面時，完全理解為什麼人們會把票投給他。

那就是好奇的力量。

好奇為什麼值得？

籃球教練菲爾・傑克森[102]有次被問到他執教如此出色的秘訣。他只說：「我傾聽。」在我們這個新世界，人人無所不用其極宣傳自己最聰明、最強大、好棒棒，很少人會致力於學習聽別人說話。但學會傾聽卻是傑出技能工具箱裡的必備工具。

99 Bill Clinton，一九四六～，第四十二任美國總統。

100 羅馬帝國國家教會分裂後，羅馬正教會的幾個教會統稱，其禮拜儀式通常使用希臘語。

101 教會中的「服事」意指在教會中事奉神，是一種神聖的工作，因此又稱為「聖工」。

102 Phil Jackson，，一九四五～，美國職業籃球ＮＢＡ名教練，一九八九至一九九八年執教芝加哥公牛隊期間六度拿下總冠軍。二〇〇〇至二〇一一年執教洛杉磯湖人隊拿下五座總冠軍。

在我們調查的應試者中，有7.5％自認好奇是強項。就像柯林頓總統，他們會問；就像傑克森教練，他們會聽。而如同多數獨角獸，他們會成功。

好奇帶你進門，也能帶你走得更遠

這年頭面試有個趨勢是問應試者在讀什麼書、看什麼電影，或者簡單地說，好奇什麼。我覺得這招很不賴，而傑出的麥克斯（Max W.）非常信賴這個問題。「我發現擁有健康、活潑好奇心的人，可以輕易說出他們感到好奇的事物。」他說。「好奇什麼似乎不重要，重要的是有好奇心。我發現他們通常能成為最好的隊友，以及最有生產效率的員工。」

我們一個朋友艾麗莎（Alyssa）有次描述她剛擔任專業行銷人員的經驗。她效力於一家位於郊區的小規模利基型[103]代理商。那裡的經營者……好，我們就說與好奇的人相反好了。「反好奇者」。那時她年輕、無經驗、對於這個不值得她尊重的團體，太畢恭畢敬。

「我想要做對事情，卻沒有獲得方向，」她告訴我。「所以我問問題。很多問題。顯然對他們來說太多了。我一直試著體諒他們時間有限，所以我趁我主管沒在忙時，才把頭探進她的辦公室，問她有沒有一點時間，我很快問個問題就好。我以為我做對事情，但我有天走進那間辦公室，發現整間貼滿從我臉書印下來的照片。我的人頭上有個對話泡泡，寫：『呃，很快問個問題就好！』是那天晚上我主管在我離開後幹的。她以為很好笑，我覺得好丟臉。那時公司老闆也在那裡。他看到我一臉慌張、扭曲著以免羞愧到哭出來，跟我說我可以笑一笑。他說那很好笑。那時我就明白這裡不適合我，這些人不適合我。」

但有時你真的會找到適合你的人，找回你的好奇心，問題也會被認真看待——視為你的優點和追求進步的渴望。傑出的愛蜜莉（Emilie M.）在美國海軍得到的善意與支持，就比艾麗莎在中西部行銷代理商經歷的多。

「做為美國海軍剛接任新職的高級主官，我明白我有很多東西要學，才能發揮作用，達到我多數同儕具備的知識水準與能力。」愛蜜莉說。「我老是發問，什麼都問。我的長官有天咯咯笑著說我『時時處在專業的好奇狀態』。我以為他被我問那麼多問題惹惱了，但他肯定地說，這其實是成功和持續專業成長的關鍵特質。」

103 niche market，也稱利益市場、小眾市場，是指由已有市場占有率絕對優勢的企業所忽略之某些細分市場，並且在此市場尚未完善供應服務。

麥克斯發現，跟著好奇心走，就可以找到志同道合、能協助他的組織欣欣向榮的人。「我找到一群夥伴，當時他們全都圍繞著我正在研究的構想做推論。我們開始腦力激盪，而有些真的很酷的創新領導模式冒出來了。我不僅從那個過程和應用獲益，那也幫助我體會跟著我的好奇心走，或許可以走到哪裡。說真的，我想不到跟著好奇心走會浪費時間的例子。」

好奇使你謙遜

愛蜜莉認為好奇能使她謙遜，也幫助她看出別人身上的人性：「我覺得別再把他們視為刺激物或障礙，而要用好奇心來發掘他們的需求、目標和挑戰。這很有用。我學到把好奇心當作一種超能力來運用。不管專業或個人方面，我發現好奇是必要的領導特質。」

崔維斯（Travis M.）說善用對人的好奇能使你成為更好的領導人：「我們要不斷向他人學習，而其中一個方法就是保持好奇。即使你不同意對方，你也可以對他為何深信不疑感到好奇。好奇需要被欣然接受，因為好奇不見得會殺死一隻貓。事實上，好奇通常能孕育同理心和謙遜這兩個造就出色領導人的特質。」

選擇好奇是提姆（Tim S.）努力做到的事。「我相信好奇既是一種選擇，也是需要練習的技能。我刻意選擇保持對人的好奇，這樣才能以更好的方式聽他們說話。好奇不只是知道誰持有哪一種觀點，你必須問他們為什麼這樣認為。『是什麼樣的經驗塑造他們？他們背負了何種我不知道的壓力？』這能幫助我注意我以前沒注意到的事情，不再那麼容易防衛和好鬥。」

一如我們十二種特質之中的其他許多例子，好奇也帶有謙遜的意義，幫助我們獨角獸找到大家共有的人性，而成為更好、更有同理心的人。

誰是好奇寶寶？崔佛・諾亞[104]

諾亞曾主持《每日秀》（*The Daily Show*），忙得要死，但即便在他主持該節目的七年期間，他仍會找時間演出單人喜劇——他的初戀。他曾被譽為「不可思議的觀察家」，這不僅讓他的喜劇尖酸辛辣，也讓

104 Trevor Noah，一九八四～，南非喜劇演員、作家、製片人、電視主持人。

> 他的訪問深刻入裡。沒什麼能困住諾亞，他似乎天生具有好奇心，且善於運用他的天賦來幫助人們超越自己的眼界。

我們怎麼做？

愛因斯坦堪稱好奇界的典範，他在一九五五年告訴《生活》雜誌：「重要的是，不要停止發問……當一個人在思忖永恆的奧秘、生命的奧秘、現實奇妙結構的奧秘時，是多麼令人肅然起敬。一個人一天只要試著領會一點點這樣的奧秘就夠了。」

我不會用如此優雅的方式描述我憑藉好奇做的事，但我的確生來就是個好奇寶寶。我很幸運能把我的好奇發揮得淋漓盡致。最近，我的紐西蘭酒鄉之旅給了我靈感，我決定深入認識葡萄酒，還去上侍酒師的課。你可以把人帶出霍克斯灣[105]，但你沒辦法從人身上，把霍克斯灣取出來。

隨時接收資訊

獨角獸會刻意保持消息靈通。博文（Bo W.）說：「我每星期至少讀一本書，通常兩本。同時搭配來自其他國家的報紙或報導，以及一個為讀者概述非小說重點的App，藉此獲得美國以外的資訊，以及長短形式不拘的閱讀，幫助我從不同角度看事情。我看電影也看節目，但我不看電視，要看的節目結束，我就會關掉電視。也就是說，我這個星期要看什麼節目都是計畫好的，而不是用來『麻痺』的工具。」

好奇不是觀賞性運動，尚恩（Shane R.）這麼說。「要滋生好奇，我們需要花時間接收資訊。我努力做這件事，每天都從一篇高層簡報開始，用AI供稿給我清楚、精確、具資訊性的資料。透過那些，我可以推斷哪些與我相關且重要，可能需要採取哪些行動。保持好奇是一種行動，不是一種姿態。」

潘蜜拉（Pamela L.）提醒我們，保持消息靈通也可能有另一層意義：省視內心，更深刻地挖掘切身議題。她說：「我要提供的秘訣是，當你遇上兩難、路障或面臨抉擇時，如果有個問題一直令你心神不寧，你要更仔細地關注它。把問題寫下來，

105 Hawke's Bay，位於紐西蘭北島東岸，是紐西蘭第二大葡萄酒產區，應是作者的旅遊目的地。

用各種方式問。往往，領導人之所以忽略正確的問題，是因為他們內心深處不敢打開潘朵拉的盒子。必須打開那個盒子，真正富創意的解決方案才會跑出來。」

保持謙遜

又一次，謙遜是你的朋友。好奇也需要自知需要的那種謙遜，請記得你並非無所不知。請依此認知行事。

「想要有好奇心，就需要謙遜。」尚恩（Shane R.）說。「你需要學習新的思維、概念和構想。至於我，我不時好奇別人是怎麼成功和管理其生產效率的；他們運用什麼樣的工具、方法和系統呢？我鼓勵任何致力達成組織成功及個人成就的人，在這段旅程當一個謙遜的發問者。」

「別對你自己的意見、看法、研究或觀點太有把握。」狄倫（Dylan O.）提醒我們。「為了更深刻了解人和事物，請停止評斷、包容異己、探身過去，不要挖土埋起來。試著理解差異、縫補差異。這樣事情不僅會好轉，你也會找到真實的美，和更完整的真。」

我們有些人要學習謙遜，有些人則不得不謙遜。莎拉（Sarah F.）說：「研究所是令人謙卑的經歷。但我一了解自己並沒有壟斷真理和經驗的市場，便發現對他人好奇感與趣能促進對話與創新。人人都有可以貢獻的事情。」

問與聽

好奇的每一個部分都可以歸結為問與聽。自認好奇是本身最大優點的7.8%獨角獸中，有接近九成在意見調查的答覆裡列了「傾聽」。

隨便找個人，隨便問個問題。你會發現沒有「無聊的人」這種東西。沒有哪個處境是你學不到東西的。英國報紙專欄作家凱特琳・莫蘭（Caitlin Moran）給我們建議：「每當你在對話中想不到要說什麼，就問個問題代替。就算你身邊的男士在蒐集七〇年代以前的螺絲螺帽，你可能再也沒有機會得知那麼多與七〇年代以前的螺絲螺帽有關的事情，你也永遠不知道那什麼時候會派上用場。」

這種哲學是保持好奇的絕佳方式。對於問對問題和用心傾聽，獨角獸們有很多話要說。朱利安娜（Julianna C.）說：「主動傾聽是我三十幾歲時在一個大學課程裡發現的工具。這種傾聽風格搭上我天生的好奇傾向，使我問了一大問題，人們通常沒想到別人會問的問題。但問好的問題需要練習，而我把握運用了很多練習和發展的機會。好奇是值得培養的技能，所以我的秘訣就是：要評估自己保持好奇、問好問題、主動聆聽他人的能力。也別忘了練習。」

「傾聽，不是聽到就算。」麗莎（Lisa C.）呼籲。「我花了好幾年才明白事情固然重要，但人更重要。花點時間（就算麻煩且不便）陪心情低落而想被聆聽、想獲得肯定的人聊聊。不要只為了得到答案或當『修正者』而聽。」好奇就是關心，東尼亞（Tonia B.）說：「關心他人、練習詢問他人的狀況。先想到別人，把別人放第一位。」麗莎（Lisa S.）說：「多聽，少講。多問問題，少給意見。問為什麼。多問一點。每個人都有故事。我想聽。」

好奇的重點來了

- 對他人好奇有益於事業，也有益於你的大腦。
- 好奇能造就謙遜和對策。
- 找出你愛什麼，多學一點，就算只是找找樂子。
- 多發問，多傾聽。

9・廣結善緣

The
Connected

個案研究：廣結善緣的獨角獸

「任何領域的成功，特別是商場，是要與人合作，而非針鋒相對。」啟斯．法拉利[106]寫道。這位暢銷作家及企業家幫助世界了解「連結」的力量，不僅就個人發展如此，更能改善每一個人的狀況。法拉利是匹茲堡鋼鐵工人之子，當時鋼鐵業正趨沒落，而他看到了父親的經驗與老闆的行為之間出現斷裂。他的父親有幫助公司起死回生的構想，但管理階層不跟員工講話。法拉利說，那一晚，在餐桌旁邊，他就立志要奉獻一生幫助跟他一樣的人家。他長大後要幫助挽救就業。他發現，挽救就業的方法就是建立連結。如果有更多團隊運作良好，那人和企業都會欣欣向榮。

法拉利必須做出許多適當的連結，才能走到今天。他的爸媽並不富裕，但相當注重教育。法拉利把握學校賦予他的每一個機會，他跟他的教授建立真誠的師徒關係，也憑努力得到德勤會計師事務所（Deloitte）的實習職。他把握他見到的每一次機會，表現超出預期，包括拜訪德勤執行長，請求承擔額外的專案。念完三年商學研究所，法拉利也成為公司的行銷長。一路和形形色色的人建立有意義的關係，讓法拉利得以順利且有獲利地宣揚他一直在實踐的事：廣結善緣。

多數人沒有看過米高·福克斯[107]一九九三年的電影《小生護駕》(*For Love or Money*)。我們這些看過且記憶猶新的一小撮人可以告訴你，這部片全都在講連結。主角名叫道格（Doug），是一家虛構的頂級紐約市大飯店的接待員。雖然他個性緊繃、固執、有點道德潔癖，卻是由米高·福克斯飾演，所以他有顆純淨善良的心靈。片中，道格夢想有朝一日能自己開飯店，總是想方設法為他的客人製造神奇的經驗，也似乎總是知道客人當前的需求。他跟蒂芬妮（Tiffany）的女銷售員親暱地直呼其名，會幫絕望的中西部太太約髮型設計師，還可以使用彩虹屋[108]

106 Keith Ferrazzi，一九六六~，美國作家及企業家，合著有暢銷書《別自個兒用餐》(*Never Eat Alone*)。

107 Michael J. Fox，一九六一~，加拿大裔美國演員、作家、製作人、活動家和配音演員，代表作為電影《回到未來》三部曲。

108 Rainbow Room，位於紐約曼哈頓洛克斐勒中心的私人招待所，是紐約菁英分子聚集之地。

的VIP座位。而當道格自己開飯店的機會看似灰飛煙滅，他得救了——他對人們展現的和善，帶給他出乎意料的報償。

簡單地說：一切總是跟你認識的人有關。人脈是王，特別是你想出人頭地的時候。但除了煙霧迷漫的房間和令尊的大學同學，我希望你把人脈視為你可以在任何地方建立的關係。建立連結不只是你可以和哪些有權有勢的人搭上關係，而是與所有人為善，因為你永遠不知道你的人生可能會往哪裡去。

我們知道什麼？

每一個偉大的成功故事背後都有幸運的成分：正確的時間出現在正確的地點。天時地利固然重要，但人和——誰剛好出現在那個時間地點，或許更重要。人們在正確的時間點互相連結的例子比比皆是。哈里遜．福特[109]獲聘協助電影《星際大戰》（*Star Wars*）的試鏡作業，和一群希望成名的演員一起唸臺詞，結果自己得到韓．索羅（Han Solo）的角色。

廣結善緣更是救了安．沙利文[110]的命：自幼飽受視力不良所苦，她盡可能把握機會。當一名稽查員前去調查她被送去的暴虐救濟所／孤兒院，她把握機會，央求他送她去柏金斯啟明學校（Perkins School for the Blind）。幾個月後，她的心願獲准。後來，她以班上畢業生代表之姿畢業。不久後，學校建議她擔任七歲海倫．凱勒（Hellen Keller）的家庭教師。

接著是我最喜歡的人物之一：摩西[111]。他的故事儼然是座紀念碑，紀念你熟知的人——從發現他在籃子裡的埃及公主，到泰然自若建議生母乳養他的親姊姊，到……上帝本尊。要是他是被其他在尼羅河畔溜達的閒雜人等發現，要是上帝沒有賦予他居中聯繫的角色，摩西的故事就不會流傳至今了。

連結：工作靠連結

專家估計有75％到80％的工作是靠個人或專業的連結贏得的。今天，人脈網

109 Harrison Ford，一九四二～，美國男演員。最著名的角色包括《星際大戰》中的韓．索羅及《法櫃奇兵》（Indiana Jones and the Raiders of the Lost Ark）中的印第安納．瓊斯等。

110 Anne Sullivan，一八六六～一九三六，美國殘障教育家，作家海倫．凱勒的啟蒙老師。

111 Moses，《舊約聖經》出埃及記等書中所記載，西元前十三世紀時希伯來人的民族領袖，受耶和華之命，率領受奴役的希伯來人離開古埃及，前往富饒的應許之地，以「摩西分紅海」最為人熟知。

比以往更重要。不妨想想大城市裡「蘇荷俱樂部」[112]裡的稀薄空氣——富有的、人脈廣的在那裡變得更富有、人脈更廣——或是其他諸如此類從資本主義濫觴就存在至今的機構。

階級流動（或說缺乏流動）是許多經典小說的基本主題。從狄更斯（Dickens）、湯瑪士・哈代（Thomas Hardy）到托爾斯泰（Tolstoy）和杜斯妥也夫斯基（Dostoevsky）[113]，這些作家告訴我們，如果你不是出身上流，有多難躋身上流。僕人的爸媽是僕人，生的孩子也會當僕人。富者恆富。故事角色與階級外的某人建立有意義的連結，這種事情很少發生，但一旦發生，通常就是那個角色的人生轉捩點。突然間，一個原本比較窮的人有機會翻身了。

所幸，世界已經開放一點了；雖然生在人脈較廣、社會地位較高的人家仍具有優勢，但賽場已經不像以前那麼不公平了。這點我們可以感謝網際網路。突然間，想要與人聯繫的人，可以在各式各樣為此設計的平臺與人聯繫了。LinkedIn不僅告訴我們誰可能是好的聯繫對象，還告訴我們原因，以及我們有哪些共同點。那兒內建了一層信任，所以我們只需要按一下滑鼠就能連結。這仍是一個非常重視「你認識誰」的世界，但現在我們更多人都有機會結識原本永遠不可能遇到的人了。

但光認識人不見得足夠。你可能跟某人待在同一個聊天室，或是在所有社交平臺當「朋友」，但如果你們無法在「人」的層次建立連結，你就不可能成功。因此，坊間推出一些能幫助孩子的程式，他們可能原本缺乏機會，現在拜那些程式所賜，已經可以近用能幫助他們在人的層次建立連結的工具了。很多公立高中都用AVID協助鑑定有潛力的「第一代」[114]大學生，那能提供他們額外的支持，並教導有助於打開大門的人生技能。

舊金山的藍水基金會（Blue Water Foundation）和佛羅里達州的SailFuture都在指導弱勢年輕人航海，紐約的大都會高爾夫協會（Metropolitan Golf Associa-

112 Soho House，一九九五年成立於倫敦蘇荷街，是全球連鎖飯店及私人會員俱樂部集團，成員多來自媒體、藝術和時尚圈。

113 狄更斯，一八一二～一八七〇，為英國作家、評論家，著有《孤雛淚》、《塊肉餘生記》等；哈代，一八四〇～一九二八，英國小說家和詩人，著有《黛絲姑娘》、《遠離塵囂》等；托爾斯泰，一八二八～一九一〇，俄國小說家、哲學家，著有《安娜．卡列尼娜》、《戰爭與和平》等；杜斯妥也夫斯基，一八二一～一八八一，俄國作家，著有《罪與罰》、《卡拉馬助夫兄弟》等。

114 指父母為移民、本人在美國出生的公民。

tion）專為無法參與這項運動的孩子提供免費教學和課程。這些計畫的批評者嘲諷說，教導弱勢孩子這些「鄉村俱樂部運動」很荒謬。但獨角獸明白像這樣的技能（以及培養出的信心）有多重要，這是將「連結」轉化成「社會資本」的途徑，也就是讓連結為你效力的藝術。

社會資本讓世界轉動

還記得我和好奇總統柯林頓那場未事先安排的碰面嗎？後來，他的人脈真的幫了我大忙。我很感激他叫我去跟他好幾個重要的朋友聯繫，但我完全沒想到那竟能帶給我那麼多幫助。他固然魅力四射、好奇心旺盛，但也忙得要命。所以我沒有多想，直到一星期後我接到君士坦丁堡普世牧首[115]辦公室來電，詢問我的行程，和有沒有需要什麼。隔週我又收到玻利維亞大使詢問我們的使命。最後，兩星期後，我收到一本柯林頓總統的自傳，附親筆字條。

獨角獸都有諸如此類的故事。或許不是總統層級，但連結是關鍵。

大衛（David M.）說他很小就學到這點了：「祖父告訴我，如果你不問，答案永遠是不可以。後來我慢慢當上領導人，才知道如果你有深刻、穩固的關係和連結，你會得到更多更多可以。所以我投入心力特地經營那樣的關係。」

另一位大衛（Dave F.）則把他的人脈視為強化團隊和幫助他人的機會。「我很久以前就明白，我不必是最聰明、最強壯、最迅速的那個人。但認識那樣的人，並且和那些人並肩作戰，可能造就偉大而重要的成果。」他說。多年下來，大衛能夠深入他的圈子，將人們互相連結起來，也相信他們會為他做一樣的事。「我不會把我認識的人當作潛在的資源看待，而會試著了解他們是誰，找出他們的焦點所在，如果門打開了，我可以記下那個人知道什麼、我或許可以如何培育那段關係或友誼……這些年來，我因緣際會認識很多人，而我有信心，如果有人來找我探詢任何事情，從填補職缺到尋找某某專業領域的人，我可能都幫得上忙。同樣地，我相信我這些年來認識的很多人，也會發自真心以同樣的方式協助我。」

與人連結助你保持連結

建立連結是關鍵，但保持連結，更能使你彌足珍貴。現在我對我的婚姻充滿

115 Ecumenical Patriarch of Constantinople，君士坦丁堡（今伊斯坦堡）的宗主教，亦被承認為東正教會名義上地位最高的神職人員。

信心。艾德麗安（Adrienne）與我是一支團隊，而我們基於對彼此的愛與尊重建立的家庭和生活，讓我們引以為傲。儘管如此，多一點點保險也不賴，對吧？

艾德麗安的娘家有最好的秋葵濃湯食譜，這是所有家族聚會的招牌菜，好吃得不得了，沒有人不愛，而這道食譜比珠寶和其他傳家之寶更受珍視。但問題來了：唯一知道這道獨門食譜的人是艾德麗安的祖母。萬一她不在人世了，這家人該怎麼辦？

所幸，我認識一個人。在下小弟我。我順利說服艾德麗安的祖母把食譜傳授給我，所以未來幾代尚不用擔心。如果這稍稍提升了我對岳家的價值，那麼我認為自己很幸運，能夠與他們的女族長建立連結、向她學習。

趣聞：「六度分隔理論」（Six degrees of separation）是說，地球上每一個人最多只需要六個認識的人居中牽線就能建立連結。一九九四年有三名大學生發明了「六度凱文貝肯」——好萊塢任何演員都能在六個電影角色內連上凱文·貝肯[116]。

誰廣結善緣？格倫儂・道爾[117]

道爾原本是寫育兒部落格的媽媽，後來將她在電腦螢幕與人連結的能力，轉化為一個賦權的帝國。從公開談論分手、崩潰到 Podcast 和三本《紐約時報》暢銷書，道爾溫暖、柔弱又善於鼓舞的文字深受大眾喜愛。她也善用她的平臺。她創立了名為「一起上升」（Together Rising）的非營利組織，將「集體心碎」轉化為「有效行動」。世界各地的民眾一人最多可捐二十五美元支持這項志業——近期的理念包括協助因政治衝突分離的家庭團圓。在此同時，道爾也常（和其他名人朋友）

116 Kevin Bacon，一九五八～，美國男演員，從影數十年，飾演過各種類型的角色，不論哪種預算的電影也都見得到他的身影，因此一些和六度分隔理論有關的研究或遊戲會以他為中心。

117 Glennon Doyle，一九七六～，美國暢銷作家，處女作《媽媽的逆襲》（*Carry On, Warrior*）即造成轟動。她亦創辦網路社群及非營利組織，幫助無數破碎家庭。

參加「一起現場巡迴」（Together Live Tour）：以連結社區為目標的說故事活動。

我們看到什麼？

在商場上，廣結善緣就贏了超過一半。范德布洛曼能有今日的成就，一大部分當歸功於我們在社群媒體的連結。我知道這聽起來有點蠢，但千真萬確：敝公司剛起步時，我已經有十五年建立奇怪、多樣連結的經驗了。那時也正值社群媒體蔚為主流之際，及早採用社群媒體，加上我多樣化的人際網路和連結，讓我們得以「適時適地」出現，這吸引了遠大於我們用傳統方法能夠得到的受眾。連結勝過體制。我們雖然新，且沒有什麼聲譽可言，但我們能見度高，且我們廣結善緣來拓展我們的任務。

你可以說我是用老派的方法來拓展人脈的：在高爾夫球場。那些讓孩子接觸高爾夫的計畫之所以讓我備感興奮，是因為我知道高爾夫球對我的成功有多重要。

我在那裡建立的連結，是我能走到今天的原因。

來自獨角獸的報告

應答者中有6.88%覺得人脈廣是自己最大的長處。為什麼廣結善緣是他們成功的關鍵呢？獨角獸訴說了許多理由。

廣結善緣讓你能向佼佼者學習

當你放眼望去看不到「佼佼者」時，你有時得自己把他們找出來。那就是珍妮佛（Jennifer G.）年輕時發現的事。知道自己可以向誰學習很重要，她說。「從小父母離異，我得向很多優等生學習來給自己找方向。那樣的經驗很多不怎麼美好，於是我迅速學會環顧四周，尋找其他在我想要成功的事情表現傑出的榜樣，」她說。「我努力跟他們建立連結，看能否跟他們打好關係。如果可以，我會請他們指點我。向我重視事情的成功人士學習，是我認為非常有用的技能。」

打造更好的領導人和團隊

現在你應該已經看出一個主題了，這十二個出類拔萃的特質都可以讓你成為更好的領導人。廣結善緣有幫助的原因如下。

丹尼（Dan S.）說當你的團隊知道你在乎，你就會做得更好。「我是社會資本的忠實信徒，也相信需要先在團隊積存信用，之後才能花。從我的經驗來看，團隊成員比較願意回應他們喜歡、尊重、知道關心他們的領導人。建立融洽關係能驅動所有團隊成員的忠誠與投入，特別是領導階層。」

里夫（Lief A.）同意，並補充說，與你的團隊緊密連結，是團隊成功的基礎：「每當我開始擔任新的角色，建立關係資本是我致力去做的第一件事。如果你已經和組織圖的上上下下打好關係，要取信於人或被納入決策過程就容易多了。」

「我投入經營與重要領導者和團隊每一個人的關係。」班（Ben C.）說。「我相信關係平等是有助於推動任務，並容許我們在社區環境推動的燃料，如此，人們會感覺受到重視，彷彿自己很特別似的。做到這些，大家通常就會工作得更勤奮、更信任我、重視我的投入、信任我的修正、相信我們的願景、想要成為團隊一分子。」

「我和工作每一個層面的人建立關係。我知道如果可以廣結善緣，不管就工作或交貨而言都比較吃香。」馬汀（Martin W.）補充說。

但這本書不只是關於打造優質團隊、成為最佳領導人，以及在事業生涯出人頭地。獨角獸脫穎而出是因為他們整體的特質，他們與世界的關係，而不只是辦公室。建立連結幫助你認清：人的相似多於不同。若你能與他人建立真正的連結，就能欣賞我們共有的人性。你也會成為更好的人。

對道格（Doug I.）來說，連結的必備要素是找出他可以怎麼幫忙。「和人們建立連結後，我開始把他們視為服務的機會。這項任務很重要，因為我和共事夥伴之間的關係，對我來說更加珍貴。」

查爾斯（Charles M.）帶著我們走完一圈，回到我們提到的米高·福克斯電影。他提醒我們：不論我們的頭銜是什麼，我們全都需要一樣的東西，我們全都彌足珍貴，全都值得以尊重對待。「我學到，不管一個人多位高權重，他仍想被視為有感覺、有想法的個體，被視為重要的人。」他說：「超越職位，看到個體性，有助於瓦解兩邊可能築起的高牆。我曾和巨型教會的牧師、作家、當權者、政府會議的執行董事、農人、收銀員和侍者建立私交。我天生就能和各式各樣的人物結緣，我也不分高低貴賤，以同等的尊重對待每一個人。」

「我都跟人家說，最好的投資對象是人。」湯瑪斯（Thomas C.）說。「到頭來，是那些你投入心力的信任關係和人會關心你、讓你過著豐盛而寬厚的人生。」

廣結善緣的人生更快活

很多時候，廣結善緣只是比較好玩。史賓塞（Spencer P.）告訴我們他……最終是怎麼明白這件事的。「我以前認為自己一個人做事比一群人簡單、迅速得多。」他說。「但這很容易要嘛在你成功時導致傲慢，要嘛在你失敗時帶來絕望。此後，我一直努力了解自己的弱點，並且把擅長那些領域的人帶來我身邊。雖然這要耗費時間心力，但隨著我深化與團隊的關係，也帶來更多樂趣和意義。另外，經過這數十年，我也發現投資人際關係，會在未來得到豐厚的紅利。」

有哪些紅利呢？史賓塞說，像是歡笑、點心和耐力。「我們盡可能在家裡開會。我們會吃點心，聊聊彼此的近況。我們重視歡笑，重視誠實，重視樂趣和分享彼此的個人和精神負擔。這一切雖然要花時間心力（我們通常要過二十分鐘才會切入正題），卻能在我們意見不合時產生莫大的幫助。因為我們喜歡彼此、享受彼此，因為我們和彼此建立了關係，因為我們視彼此為家人，一旦有分歧、質疑、意見不合，我們都能用健康的方式加以克服。艱難挫折在所難免，但如果你基於團隊、基於信任與愛建立了連結，你們一定能順利度過風暴。」

為什麼招聘經理喜歡廣結善緣的人？

一名應試者獲得的背書多多益善！雖然招聘經理對於品格有優於平均的判斷力，但就連他們也喜歡有多一點人為應試者作保。更好的是，如果有職缺開出來，他們一定可以仰賴廣結善緣的人把消息傳播出去，而把好名聲的人帶進來。

在職場培養人脈的秘訣

- 給推薦優秀應試者的隊員推薦獎金。
- 鼓勵建立人際網路：提供津貼讓隊員加入專業會員、參與會議。

● 輔導、輔導、輔導。獨角獸凱西說：「我花了很多時間了解與我共事和受我領導的人，藉此建立深刻而持久的關係。這些促成生涯輔導的機會。我覺得我對他們的人生已經——且持續——造成長久的影響。比如在一個比較年輕的幕僚身上，我投入時間發掘她的長才，然後設法調整她的工作，讓她徹底發揮她的才幹。我也帶她進領導階層，邀請她跟我一起去肯亞出差。這樣的投資造就她的個人和事業成長，也鞏固了我和她的長久情誼。」

我們怎麼做？

「唯有連結，」E. M.福斯特[118]在《此情可問天》（*Howards End*）中寫道。這句話向來被詮釋為乞求思想與感覺——頭腦與心靈——的一致，以便同時實現熱情與目的，發揮我們人類深情的潛力。

獨角獸喬丹（Jordan W.）呼應這個觀點，並告訴我們如何付諸實踐：「隨時注意他人。去跟他們碰面，與他們同行；幫助他們實現天賦、發揮長才、在他們的旅途中成長茁壯。愛他們。」

不是所有廣結善緣的人都像喬丹說得這麼直接。但論及培養人脈的策略，便有強大的主題浮現。

追求質與量

也是在《此情可問天》裡，主角瑪格麗特（Margaret）發現：「一個人認識的人愈多，那些人就愈容易取代……這就是倫敦的詛咒。」把「倫敦」換成「網路」，就是我們現代生活的總結了。你擁有的連結愈多，連結就愈容易貶值。

這暗示，選擇高品質的連結比蒐集大量連結來得好。但我認為，既然我們選擇了網路這種工具，這就不必二選一了。社群媒體讓連結變得容易，因此也讓拓展人脈變得容易，只是需要一點點紀律。

118 E. M. Forster，一八七九～一九七〇，英國小說家、散文家，名著包括《窗外有藍天》（*A Room with a View*）、《霍華德莊園》（*Howards End*）、《墨利斯的情人》（*Maurice*）等。

「我們生活在世界有史以來連結最多、最密的時代，但很少人是有意為之。」克里斯（Chris H.）這麼說。他主張投入時間與心力經營網路關係，能產生質與量。「我在 LinkedIn 和 Twitter 上發展了將近有一萬名聯絡人的網絡，也時常和那些人聯繫。」

對於這件事，克里斯給我們兩個實用的建議：

一、運用 Twitter、LinkedIn 的搜尋功能尋找業界志同道合的專家。找到他們，就和他們聯繫，並感謝他們和你聯繫。「我已經能夠蒐集絕妙的構想、和優秀人物相互聯繫，對於我的專業領域真正的全球專業人士網絡，也認識得更深了。」他這麼說。

二、當你社群媒體上的聯絡人請求用電話或 Zoom 跟你聯繫，不要拖延；盡快和他們聯絡吧。「那些認識彼此和交換想法的對話是無價之寶，」他說。「你真的可能用這種方式和人們發展出有意義的友誼。」

布雷德（Brad L.）強調，說到投入建立連結的時間和心力，沒有所謂「重質不重量」這種東西，「說到投入建立關係的時間，重質不重量是錯誤的二分法。」

他主張。如果你出於真心誠意，任何數量的連結都算數。「投入時間與人相處，可以建立信任與信賴，這會累積關係資本，可以在最需要的時刻花用。如果你真的在乎人，這會自然而然發生。」他說。

在我們討論連結時，在乎人、對人感興趣這兩點不能等閒視之。「如果人們知道你是『為』他們而來，在乎他們的興趣，他們就會多付出一份心力。所以如果可以，我一定會問問對方的家人或其他喜好。」獨角獸強尼（Jonny W.）這麼回覆。

戴波拉（Debra C.）同意：「要打造團隊，最好的方式是透過關係。而要建立關係，最好的方式是透過投入心力於他人身上，真誠地關心和在意他人的生活。」

關心他人不只是一項策略；它是人會做的事。

尋找有裂縫的門

連結未必是自然發生，你必須把握機會。

湯姆（Tom C.）建議：「做好準備，任何對話都是連結兩個人的機會。記下誰是誰，以及他們是做什麼的，因為你可能就是能連上你剛認識的那個人，與某個能助他完成天職或使命的人之間的環節。例如不久前，我在一場會議上認識某個組織的執行長，很多國家都見得到那個組織的蹤影。他們正努力透過處理人口販賣問題來擴大影響力，但他們需要和一個能幫助他們做那件事的組織聯繫。我們的對話結束時，我給了他們兩個或可滿足他們需求的名字和聯絡資訊。雙方聯繫上之後，這位執行長已順利擴大組織的影響力，幫助他們以前接觸不到的對象了。」

保羅（Paul T.）同意對話的力量。「機會往往就只差一次對話，一個連結。這些是開啟房門，讓雙方可以分享願景和使命、建立互惠關係的鑰匙。」

也別忘了持之以恆。成為獨角獸並非意味事事就定位，而是有堅持下去的毅力。誠如班所建議：「所有情境都要尋找額外的連結。如果你聽到『不』，把那想成『不是現在』吧。」

做就對了

俗話說得好：愈努力，就會愈幸運。願意付出心力的人，人際連結一定會比交給機運的人來得好。

狄安娜（DeAnna S.）提醒我們，「做」包括做功課和願意學習。「人生就是關於建立有效而長久的個人和專業關係。向不同的文化和族群團體學習，拓展了我的知識和對人的理解，幫助我更周全地迎接挑戰、尋找對策。」

策略性地撒一張寬廣的網可能也有好處，安德魯（Andrew B.）建議我們加入符合喜好的人際網路，特別是在地層級。萬一你沒有很多餘裕做這件事，請智取，不必力敵：「如果你沒有時間在每次對什麼感興趣的時候建立新網絡或擬訂新計畫，拜訪你的商會、地方學校領導階層和地方政府很有用。當我的組織設立積極投入支援社區的目標時，我便拜會一個縣級聯合會，尋找聚焦於協助貧困家庭的局處、非營利組織、公司行號和教會。透過那些關係，我和我的團體得以永續為社區盡一份心力。那也幫助我們走出組織、建立互惠關係。」

最重要的是，大衛提醒我們著眼於建立連結所追求的獎賞：「要始終惦記著目標。先建立願景，再倒回來工作。別怕委託，保持動力。」

多給，少拿，貫徹到底

如果你不留意自己在世上的言行舉止，人脈廣反倒可能成為龐大的負債。康瑞德（Conrad W.）告訴我們：「我學會多付出、少拿取；人的投資是這樣運作的。如果你建立了只拿不給的名聲，你很快就會失去所有人脈，你的名聲會走在你前面。人們會口耳相傳。但如果你選擇給予，你的慷慨也會造成轟動，讓你得以建立原本可能無法觸及的連結。」

康瑞德繼續說，這就是根植於強烈道德感的哲學。「事關正直，」他說。「如果你說你可以做什麼，就去做。而且好好做。要燒毀一條通往策略性連結的橋梁，沒有比未能貫徹到底更快的方式了。」

威爾（Will M.）也認同：「絕對不要燒毀橋梁。你永遠不知道什麼時候會碰到你過去認識的人是最理想人選的情況。你不會希望自己把連結那個人的橋梁燒掉了。我能得到現有的職務，是拜一個我在舊職曾協助聘用的人所賜。他推薦這份工作給我，而我高興極了。」

預付款

在你小心翼翼藉由維持橋梁結構穩固來保護你的未來時，想到別人的未來同樣重要。傑出的約翰親身經歷過，所以非常清楚他可以如何運用自己的人脈造福他人。他說：「我不會緊抓著我的人脈不給別人。我會試著幫他人聯繫我有的朋友，也會運用我的影響力幫助別人取得聯繫，來更接近他們的目標。我是從一個『邀請我進房間』，在我需要時給我機會的人身上學到這點的。」

柯瑞牧師認為這是一種道德義務：「孕育人才是我們一有機會就要去做的最重要的事，認清這點實有必要。不論你或你的公司生產什麼，唯一能長久維繫的是人，以及和那些人的關係。先認清人的價值，我們才會認清我們所做工作的價值。」

人生不是直線。是螺旋形。當你在爬成功這座山時，別忘了為你身後的人維持路徑暢通。你今天善待的實習生，明天可能會負責貴公司的購併案。我活得夠久，已經發現：如果發簡訊或轉 email 或許能幫助你認識的人和有需要的人取得聯繫，那麼發那則簡訊或轉那封 email 絕對不是壞事。花你六十秒就能改變某人的一生，何樂而不為？和善是可以保存的，如果你的人脈認為你是良善的人，各式各樣的門將會為你敞開。

連上這些重點吧

■現在要與人連結比以前簡單，但要維持連結仍需付出心力。

■請明白，不只是「對」的人，而是所有人都應該得到善待。

■請記得《小生護駕》主角道格．愛爾蘭的不朽名言：「亞伯，沒什麼是不可能的。多打兩通電話就可能了。」

10・討人喜歡

The
Likable

個案研究：討人喜歡的獨角獸

討喜是傑米・柯恩・利瑪[119]所創品牌的同義詞。討喜幫助她贏得華盛頓小姐后冠，讓她成為實境節目《老大哥》（*Big Brother*）第一季待最久的女生，也助她成功地擔任電視新聞主播。而柯恩・利瑪就是在當新聞記者和主播期間找到她的志業。她一直和玫瑰斑（rosacea）奮戰，而一天在電視上亮相數次，又使情況更趨複雜。她很難找到能遮斑又不會進一步刺激皮膚的化妝品。所以她自己創造。IT Cosmetics 就是在柯恩・利瑪的願景加上皮膚科醫師的專業下誕生。IT 並未一夕成功，但後來一夜爆紅。她花了兩年把產品寄到電視購物巨獸 QVC，希望能獲得時段，可惜事與願違。但一切在某位製作人在一場商展看到她之後驟然改變。樂觀、有魅力的利瑪說服製作人試用她的眼霜，倏然，她得到 QVC 十分鐘的時段了。在 QVC 現場銷售很可怕，但利瑪堅持下去，幫她的產品做了一場立刻獲得共鳴的示範。她抹去臉上完美無瑕的妝，暴露出滿臉通紅、長了玫瑰斑的皮膚，當場展現她的產品的功效。她把妝化回去，又證明那有多簡單而不費力。當觀眾看到脆弱的一刻，她們便聯想到一個感覺跟她們一模一樣的女性。第一次登場，柯恩．利瑪全部存貨便銷售一空。公司就此展翅高飛，二〇一七年，柯恩．利瑪將公司以十二億美元轉售給萊雅集團（L'Oreal）。此後，柯恩．利瑪成了慈善家、母親和作家，致力於協助人們相信自己、喜歡自己。

進行了兩千五百多筆調查，我驚訝地發現，不少占上風的應試者，竟可以簡單地用「跟別人玩得開心」來形容。很多公司最後得（或恨不得可以）開除員工裡的「天才渾蛋」。但討喜的人就是有能耐保住飯碗，甚至透過關係平等——你長久以來在另一人身上累積的善意——獲得升遷。學習討人喜歡比你想像中容易。這一章將教你如何增進你的討喜程度。而身在一個擁擠、嘈雜的世界，這項特質到頭來可能比其他任何特質還重要。

119 Jamie Kern Lima，一九七七～，美國企業家、慈善家及作家。化妝品公司 IT Cosmetics 的創辦人。

我們知道什麼？

想像你即將進行一件大案子。或許是工作上的簡報，或是幫你孩子的棒球隊研究、設計和訂製隊服，或是改建浴室。若要組一支團隊進行這項計畫，你會挑選什麼樣的隊友？熟知主題所有面向的人，該領域的專家？還是對題材沒那麼熟，但似乎比較好相處的人？

你可能覺得這根本無需動腦，當然找專家啊。討喜是一回事，能力是另一回事——更重要的事。的確，當我們碰到這些假設性問題時，多數人會回答：找專家啊。但研究發現，在現實生活，情況恰恰相反。

針對這個主題，有一項非常了不起的研究。研究人員發現，我們嘴巴說的跟我們實際做的之間的差距，有點像我們報告自己的習慣。我們當然會讀報紙，當然會做回收，也絕對在地購物！但事實上，我們沒有我們所自認那麼高尚。衝動和本能會接管一切，最後我們會不由自主去做我們喜歡的，而非我們知道比較好的。這項研究發現兩件有趣的事情：

一、「感覺」扮演守門員的角色；如果你不喜歡某個人，他們就不會有機會展現能耐。

二、受人喜愛的人，哪怕只有一點點本事，也會被放大；討喜幾乎次次戰勝本領。

保持討人歡喜，門將會猛然敞開。況且，如果你討人喜歡，那或許能保護你免受能力不足之殃。

可是我不想當受氣包

討人喜歡跟討好人不一樣，討好人是恐懼所致，討人喜歡則來自於自信。如果你擔心你在提升討喜程度的旅途上會跨進討好人的地域，不用擔心啦。只要你有健康的自尊，只要你的討喜是你真實自我帶給人的印象，你就不必討好誰。

不過你的確可能是從討好別人開始，這個心理學詞彙叫「社會性依賴」（sociotropy）。這有時是焦慮的症狀，或過往創傷的產物，從討好別人到討人喜歡之間，有更多遠超乎我所了解的精神醫學知識。我只能說，謝天謝地，社會性依賴實屬罕見。我也希望深陷討好循環的人有朝一日能進入討人喜歡的亮光中，享受隨之而來的益處。

誠如獨角獸賈瑞所言：「討人喜歡不代表你要『討好人』，要煞費苦心、答應每一個人。那只代表你要為人投入時間心力，刻意營造關係，試著將心比心、設身處地。」

「受歡迎」算嗎？

受歡迎很好，且想必會帶來很多權力和地位，但那跟討人喜歡不太一樣。在《心理科學近期發展趨勢》（*Current Directions in Psychological Science*）發表的一篇研究（不適合帶去海灘看的書，但有它自己引人入勝之處），給「受歡迎」和「討人喜歡」的定義不同。「受歡迎」跟社會優勢、影響力和侵略性有關。「討人喜歡」則在情緒上調適良好，且較不具侵略性。受歡迎的人會強人所難，討喜的人會帶來愉快和團結。

討喜的事實：「啤酒問題」[120]已經被當成美國政壇的石蕊試紙數十年了，但學者說那問題多多。認為某人在酒吧或球賽很有趣，與認為某人有足夠的智慧掌握核密碼，是截然不同的。在這個例子，歸根結柢，你會想要找能幹的，而非討喜的。

我們看到什麼？

你有沒有注意過，討喜的人從來不談他們自己，而會把話鋒轉向你？同樣地，我觀見柯林頓總統的經驗，也有許多值得學習之處。即：讓對方成為對話焦點。

不妨想想這個原則可以怎麼在你的事業生活幫助你。例如在銷售會議上，想想可以怎麼將話題轉回顧客身上。在領導的情境，分享其他隊員得勝的故事和例子。談到組織願景時，讓它與房裡每一個人切身相關。

120 beer question，一個政治思想實驗，它試圖透過詢問或調查選民願意與哪位政客一起喝啤酒（例如花時間與哪位政客「一起閒逛」）來衡量政客的真實性和可愛度。

名字有何玄機？或許是一份聘書

這是卡內基[121]的名言：「不論哪一種語言，記得一個人的名字，對那個人來說，都是最甜美也最重要的聲音。」如果你可以靠記得某個人的名字（並且說出來）讓他感覺重要，你已經在討人喜歡的路上了。

我努力記得名字，通常記得住，但我有個朋友，姑且稱之拉瑞（Larry），簡直視記得名字為己任，特別是在外出用餐的時候。我親眼見證過好多次，那一刻，所有被記得的人都會感覺好極了。對侍者展現尊重是有人性的事，也是討喜的事，這有助於消除服務者與被服務者之間的權力不對等。如果遇上什麼困擾，也更容易提出和解決。

拉瑞會問服務生在那裡工作多久，他會查出他們來自哪裡，如果正在念大學，還會問人家主修。下一次回到那間餐廳，他會要求坐到某某區以便追蹤他上回打聽到的事情——孩子、畢業、剛入行平面設計，任何事情。（拉瑞擁有不可思議的記憶力，記得幾間他最喜歡的餐廳每一代的服務生。）他是真的感興趣，而我十分肯定，服務生也真心喜歡他。

這與偉大的拳王阿里[122]的名言不謀而合：「我不相信那些對我好但對服務生粗

魯的人。因為如果我身在那種境地，他們也會那樣對我。」近年來，觀察一個人如何對待服務生，已成為判斷你是哪種人的試紙。約會的成敗取決於此，工作也是。下一次你要跟你老闆或潛在雇主共進午餐時，請想想這件事。人生是一場「侍者測試」，就算沒有人在看，善待人依然重要。

蹲得愈低，跳得愈高

有時你必須曖曖內含光。

這兒有個著名的故事，是關於英王亨利八世[123]的最後一任妻子凱薩琳·帕爾王后[124]。今天，就連我們這些對歐洲史所知非常有限的人都知道，聽到「妻子」和「亨

121 Dale Carnegie，一八八八～一九五五，美國作家和演講者，被譽為二十世紀最偉大的心靈導師，其創立的卡內基訓練機構自有一套獨特的人際關係課程。

122 Muhammad Ali，一九四二～二〇一六，美國男子拳擊手，一九九九年被體育畫報雜誌評為世紀最佳運動員。

123 Henry VIII，一四九一～一五四七，英格蘭都鐸王朝第二任國王，一五〇九年繼位，創立英國國教、合併英格蘭與威爾斯，但也因此耗盡國庫。

124 Queen Catherine Parr，一五一二～一五四八，原為寡婦，一五四三年嫁英王亨利，是他六名妻子中的最後一名。

利八世」在同一個句子出現，事情就不太妙。因為亨利八世在迎娶凱薩琳．帕爾之前，已經砍下兩位前妻的人頭。故事是這樣說的：亨利認為信奉新教的凱薩琳是異教徒，下令逮捕她（隨之而來的當然是處決）。凱薩琳聽到消息一陣恐慌，但很快振作起來，跑去找亨利，解釋說她跟他談論新教的目的都是為了找話題讓亨利不要一天到晚想著他衰弱的健康。她補充，畢竟她只是個女人。她的丈夫是國王，且智慧超群，她自然對他言聽計從。亨利立刻接受她的說法，撤銷逮捕令，凱薩琳重新回到亨利的芳名錄。

在哈波．李[125]的《梅岡城故事》（*To Kill a Mockingbird*）中，主角「思葛」（Scout）的律師父親亞惕．芬奇（Atticus Finch）顯然是鎮上最聰明的人。但他不會賣弄，他是梅岡城冷靜的道德羅盤，也試著把同樣的價值觀傳遞給他的孩子。「有一樣東西不會遵守多數決，那就是一個人的良知。」他告訴思葛。在法庭上，當亞惕交叉詰問一位控方證人，他有很多像這樣「抓到你了」的機會：

「你說你用左手寫字，那你會左右開弓嗎，伊威爾先生？」他問。

「絕對不是，我一隻手可以用得跟另一隻手一樣好。這隻手跟那隻手一樣好。」證人答覆。亞惕沒有得意地戳破他說，這就是左右開弓的意思，反倒不動聲色，接著說下去。

對討喜的人來說，知道何時不要講話，跟知道何時該說話一樣重要。在我的事業生涯，我曾和各領域的傑出人士和專家開過會，結果發現房裡經驗最淺的人，往往最多話。沒人懂得比他們多，他們什麼都想過了，也不怕耽誤你的時間告訴你這些。這印證了好多我尊敬的恩師和同事有多討人喜歡：他們只是面露微笑，任那個人繼續說。以前我很難不去駁斥那些自大狂，很難不去提醒他們自己是在跟誰講話。但後來我看到那些大師的風範：沉默不語，保全說話者的自尊，也藉此更討人喜歡。

第二手的讚美是真金

要培養討人喜歡的特質，不說話是有價值的工具，不過也讓我告訴你另一款促進討喜的飛輪：第二手的讚美。給某人讚美是件美妙的事，能讓一個人抬頭挺胸、昂首闊步一些。但讓讚美變成二手，更能提升它的動力。如果八卦是小丑，

125 Harper Lee，一九二六～二〇一六，美國作家，著作《梅岡城故事》在一九六〇年獲頒普立茲獎。二〇〇七年，李榮膺美國總統自由勳章。

那二手的讚美就是蝙蝠俠。同樣的執行，不同的動機。二手的讚美是你把別人告訴你關於某甲的好事，轉告給某甲知情。例如，妮可（Nichole）告訴你潔西卡（Jessica）的簡報精采絕倫，所以你把妮可的話原封不動告訴潔西卡。這能放大妮可對潔西卡的好感，也能使潔西卡萌生對你，以及對妮可的好感。而你就身在那一切溫暖而朦朧的中心，散播討喜的種子。

尋找討喜的人

我一直相信，要盡快弄清楚某位應試者能否勝任，愈快愈好。沒必要浪費大家的時間。而討喜就是預測未來成就的絕佳指標。如你到目前為止所見到的，我們范德布洛曼使用的篩選技巧有點……不正統，但我要告訴你，那有用。

范德布洛曼的派對討喜考驗

幾年前，我們在招聘一位銷售副總裁，而我強烈相信我們已經找到完美人選。當時是十二月，所以我們碰巧要在第一次面談的次日舉行耶誕派對。我傳簡訊給那位應試者，問她想不想來這個比較歡樂的場合見見團隊。她很快回覆（另一個很棒的徵兆！）說當然好。喔，結果她成為那場派對的靈魂。莎拉（Sarah）一直待到派對結束，協助留下的員工收拾殘局，並幫不知從哪兒迸出來的耶誕頌歌唱和聲。隔天，我們之中神志還算清楚的人無不興奮地打簡訊，聊我們有多喜歡這位新銷售副總裁。她當然得到那份工作，剩下的事情不言而喻。

為什麼招聘經理喜歡討人喜歡的人？

這好像繞口令，對吧？雖然招聘經理有時看起來很像機器人，但其實不然。他們被針刺到還是跟我們一樣會流血。當一個討喜的人經過他們眼前，招聘經理也會跟我們其他人一樣開心地喜歡上他。

在職場培養討喜的祕訣

- 撥幾分鐘在會議開始時聊聊與工作無關的事。
- 教你的團隊傾聽。
- 重視同理心。

來自獨角獸的報告

在我們的獨角獸中，有5.72%回答，十二項特質裡，討人喜歡是他們最強的。他們可以證明信任、恩惠和機會，會隨討人喜歡而來。

討人喜歡的人就是眾所信任的人

「因為人們喜歡我，他們願意聽我講話，並思量我所說的。」羅伊（Roy C.）說。「因為他們喜歡我、覺得被聆聽、被接納，要促使他們理解我的做法往往比較容易，因為我的回應不會讓他們覺得受威脅。我的討喜似乎能讓人們卸下防衛，用比較開闊的心胸思考，相信我不會批評他們的意見。」

吉娜（Gina B.）可以為記得名字的功效作證；她認為討人喜歡只是附帶的好處。「記得人名看起來不起眼，但記得名字就是在對那個人說：『你對我夠重要，所以我知道你是誰。』這是讓人感覺受到喜愛的第一步。然後，隨著我們一起共度時光，我會了解他們的故事。我會傾聽，因為我是真的感興趣。」她說。「這種興趣可以帶來諸如信任、忠誠和恩惠等人際關係上的好處，只是額外的紅利。」

被喜歡意味得到更多機會

「成果很重要，但討人喜歡更重要。」克里斯多福（Christopher J.）說。「如果你取得成果，但沿途揮霍掉所有善意，你犯錯的那一秒（我們都會犯錯！），人就會撲到你身上去了。討人喜歡會打造善意的銀行，降低你犯錯時要冒的風險。」

克里斯多福發現，討人喜愛可以名副其實救你一命。他說：「我天生好奇，喜歡問問題……然後傾聽。待過軍旅和執法機關，有效地討人喜歡、問問題和建立關係，一再幫助我和我的團隊避免受到傷害，次數多到數不清了。」

討喜是敞開的門

傑夫（Jeff H.）分享道：討人喜歡給予他更多機會，而且更快。「我一直覺得我能那麼快抵達我想去的地方，是因為親切、討喜、真心和善的緣故。我升遷得比較快，是因為我被認定是容易共事的好經理。」

誰討人喜歡？基努李維[126]

無論是在深夜脫口秀節目給出深刻得驚人的答覆，還是對影迷抱持的耐心和關懷被瘋狂流傳，基努李維似乎沒有哪一點不討人喜歡。網路到處見得到他親切又慷慨的故事。他買摩托車送他的替身演員。他自砍片酬好讓電影拍得成。他搭大眾運輸，且讓座給提著大包小包的女士。他的女友與他年紀相稱。他捐助兒童醫院而不張揚。基努李維是好人；更精確地說，是超好的人。

我們怎麼做？

我知道你們有些人可能正在擔心：「噢，好喔，現在是在教我們出去過派對生活、跟人互動，社交應酬就對了。」有些人擔心這個是因為生性內向。但請注意：你跟任何人一樣清楚，內向的人其實非常討喜，甚至比一般在房裡吸引眾人目光的外向者還討喜。要當個成功、討喜的內向人，你不必哪裡都去，不必站到每一個人面前。

愛因斯坦、愛蓮娜・羅斯福、亞伯拉罕・林肯總統[127]、羅莎・帕克斯[128]和曼德拉[129]都是有名的內向人。但全都被視為討喜之人——至少多數民眾這麼認為。這裡的少數派並未站在歷史正確的一方。也可以想想當今知名的內向人（也是休士頓人）碧昂絲[130]。她很少接受訪問，也討厭公開講話，但你得同意，她找到了與人建立連結的方式。我們的內向討喜獨角獸分享了他們是如何辦到的——

126 Keanu Reeves，一九六四～，加拿大籍男演員，著名作品包括《男人的一半還是男人》、《捍衛戰警》、《駭客任務》等。
127 Abraham Lincoln，一八〇九～一八六五，第十六任美國總統。
128 Rosa Parks，一九一三～二〇〇五，美國黑人民權運動人士，被譽為「現代民權運動之母」。一九五五年在公車上拒絕讓座給白人而遭逮捕，引發聯合抵制蒙哥馬利公車運動（Montgomery Bus Boycott）。
129 Nelson Mandela，一九一八～二〇一三，南非黑人民權領袖、反種族隔離革命家、一九九四至一九九九年任南非第一任民選總統。
130 Beyonce，一九八一～，美國女歌手，一九九〇年代晚期以擔任R&B女子團體「天命真女」主唱成名，二〇〇五年單飛，為歷史上獲得最多葛萊美獎的紀錄保持人。

詹姆斯（James W.）說：「我很內向，但我會在非常公開的環境發揮作用。那雖然會耗盡能量，但我說服自己可以利用我的討喜或魅力在公開場合起作用。我是真心喜愛人，而那就有莫大的助益。」

「經驗告訴我，人們真的很喜歡被問關於自己的事，而如果你能說個故事呼應他們，他們也會覺得跟你心有靈犀，」艾比（Abby M.）說。「有人告訴我，其他人可能認同我或不認同我，但當他們跟我說話時，他們感覺自己被傾聽。我跟人家說其實我很內向，他們都說哪有可能。於是我明白，有需要的時候，我是可以像個外向的人那樣運作的。」

內向的人可以運用其他建立連結的方式讓旁人感受到他們的討喜。我認識一位女士在公開場合幾乎完全隱形，但回家後會寫體貼的 email 給與會者，保持聯繫，建立友好融洽的關係。

約書亞（Joshua K.）也學會做類似的事。「那不容易，也不自然。但我開始寫卡片，記得大家的生日、傳鼓勵的簡訊、學會捨得花點時間進行有意義的對話。」

如果你想讓人明白你有多討喜，又不想參加公司足壘球隊或其他需要太多社交互動的活動，社群媒體是另一條絕佳的途徑。深思熟慮的貼文、對朋友展現支持，都能迅速累積「討喜力」。

明白當你沒開口說話時，是在做什麼樣的表態

待在公眾場合或與人長時間對話之後，內向的人需要充電。所以我們都需要具備諸如此類如何表現自我的知識。

布雷德（Brad B.）說：「用溫暖領導很重要。用開放的身體語言、微笑、視線接觸、並且尊重界線。」

「從我的臉部反應到身體語言，人們知道我有用心聽他們說話。」大衛（Dave H.）說。

關心，並多多益善

同理心是討人喜歡的基本要素，就像那位對待侍者一如對待執行長的人，真誠地關懷所有人，能讓你受人喜愛和尊敬。

史考特（Scott W.）是從他在世界各地工作的經驗學到這點。「討人喜歡是可以培養的技能，」他告訴我們。「當你將尊重他人、同理他人——不論他人是在貧民窟、宮殿、大學或咖啡館——視為首要之務，你在任何情況都會真的受人喜愛。」

「要當僕人，」里昂（Leon G.）呼籲。老闆、實習生，同事，我們全都需要多一點善意。「人會陷入掙扎，會充滿排山倒海般的情緒。把鼓勵、給予希望、寬以待人視為你的工作。」

「要關心人。」克莉絲提（Kristi C.）說：「那聽起來簡單，但當你凡事考慮他人，真心在意他們的人生時，人們會想圍繞在你身邊。在職場裡，這會化為一支更有生產力和效力的團隊出現，這是因為人都想要為他們喜歡的人效力。」

貝爾塔尼（Beltane G.）提醒我們共有的人性。不管一個人有多大的權力，不管看起來多有自信，「人人都希望你真誠地表明他們很重要。我們身邊充滿受過傷而想要被愛、被接納的人。」如果你可以讓他們感覺安心且得到支持，就會討人喜歡。

說到做到

我從我和柯林頓總統的對話中學到的第二個課題，就是在討人喜歡這件事情上，適時地貫徹個人的諾言無比重要。有多少次人們對你做出承諾卻沒有兌現？有多少次人們告訴你他們說到就會做到，卻還是忘記？在我的經驗中，真正能適時說到做到的人可能遠比你預期稀有。我和三萬多人進行過長時間面談，而我發現，就連在我們面試過最出色的應試者中，說到做到也是相當罕見的特質。

保持謙遜

謙遜是討人喜歡的另一大要素。「謙沖自牧，別人就會喜歡你。」史考特（Scott W.）說。「堅定、深刻地謙沖自牧，別人不僅會喜歡你，還會尊重你。」

詹姆斯（James G.）試著不讓他的自尊介入每一種情境：「我的恩師總是鼓勵我，要讓人們在與我們相遇後過得更好。當我走進一個房間，那從來不是我個人的事，而是關於他人的事。從來不該是『我來了！』而該是『原本你們都在！』」

問問題

未經審視的生命會覺得你不太討喜。[131] 史考特（Scott N.）建議：「請在與人互動時仔細觀察，判斷對方的興趣和交流方式。問開放式的問題。問他們是受哪些經驗或熱情驅使。問他們從失敗或挫折中學到什麼。問他們實現夢想的下一步。問他們你可以怎麼幫助他們得勝。」

不過誠如凱爾（Kyle H.）所發現，問問題不必是嚴肅、乏味的工作。「軍旅時期，我很快發現，對船員來說，當一個『討喜的傢伙』幾乎和當稱職的舵手一般重要。我透過對別人喜歡的事物所展現的認真興致，來培養這個特質，我會問問題、開開玩笑、跟他們一起捧腹大笑，甚至學會在其實不想笑的時候微笑。多數時候，我發現風度翩翩、讓人開心、善於鼓舞士氣的人有最大的衝擊力。因此，每當我被指派行程，大夥兒會爭先恐後想當我的船員。」

麥克（Mike B.）提醒我們，問問題不只適用於人。「求知若渴，讓你很多事情都能了解一點……這可以在你遇見新朋友、聊聊人生的時候派上用場。那不只能大幅增進你的關係資本，也能讓你掌握對話和流量來裨益人們和團體。」

做功課

多投入一點時間心力來耕耘討喜的特質有利無弊，你的投資會獲得回報的。

「我最重要的秘訣是知道一個人叫什麼名字，而且記得。」大衛（David R.）說。「然後，起碼知道有關他們的兩件事情：配偶的名字、孩子的名字、職業……等等，花點工夫多了解他們一些事情就對了。還有，記得微笑！」

丹尼斯（Dennis M.）發現做功課使他討喜得多。「我曾有機會管理來自德國、法國、巴西、澳洲、中國和印度的人。我上不同文化的課，以便理解他們的動機。這使我更討人喜歡，也有助於提升我的管理技能。」

「食緊挵破碗」

俗話說得好，上帝可能愛拚命三郎，但人通常不會。當你過分努力嘗試，或看來急欲想討人喜歡，這可能令人倒胃口。關於討人喜歡這件事，最好的建議或

131 這句話改寫自蘇格拉底的名言：「未經審視的生命不值得活。」（The unexamined life is not worth living.）

許是：做自己，但要比那好一點點。做一點點體貼的小改變，效果一定優於全面進攻。花點時間，付出點心力，你一定會比以前更討人喜歡。

請你喜歡這些重點！

- 別滔滔不絕，傾聽能帶你走得更遠。
- 請記得，不論我們在人生擔任何種職務，我們全都是全力以赴的人，請依此行事。
- 討人喜歡是關係平等、為自己建立好名聲的基礎。

11 · 高生產力

The
Productive

個案研究：有生產力的獨角獸

據說，理查・布蘭森[132]就讀私立小學時的校長預言，他以後不是坐牢就是成為富翁。校長猜對了。這名後來成為億萬富翁理查・布蘭森爵士的學生立刻著手生產商品服務、開創事業。他第一次成功的創舉是一九六八年發行的一本給學生看的雜誌。這促使他創造郵購唱片的型錄……接著開了一家實體唱片行……接著是建立自己的唱片品牌……接著是太空探險。基本上是這樣啦。重點是，布蘭森從來沒有停止展現生產力，就連他明明可以休息的時候也一樣。於是乎，他創建了超過四百家公司。如布蘭森自己所言：「他媽的，做就對了。」

電影《曼哈頓奇緣》（*Enchanted*）（我還能怎麼說？我有女兒啊）由可能的艾美・亞當斯（Amy Adams）飾演吉賽兒，一位闖入現代紐約市的迪士尼公主。她腦袋一片混亂，她害怕極了。因為她進入三度空間，不再是卡通人物，那對她真是天大的挑戰。她有千百種理由在這個世界瑟縮哭泣，但她沒有，她選擇發揮生產力。她搓一搓腰帶，召喚來紐約市版的森林朋友，便哼著歌，把她避難的骯髒公寓打掃乾淨。「啊……」她在大功告成後鬆了一口氣。「好好玩啊！」

發揮生產力不見得好玩，但一定跟善加利用時間、讓你脫穎而出有關。我們太容易隨便開啟計畫，然後就被分心打敗了。

隨著社群媒體、即時通訊和隨需供應的世界崛起，專注力便像石頭一樣直直下墜。浪費掉的時間比以往都多，就連在職場也不例外。反過來說，當一個高生產力的人接下工作或任務，他會比以往更光彩奪目。在這一章，我將分享我最喜歡、對我有用的生產力秘訣，以及我從一些我面談過最成功的人士身上汲取的智慧。請繼續讀下去，學習能將生產力提升到全新效率水準的途徑吧。

我們知道什麼？

拜科技所賜，現在我們可以隨時隨地和任何人一起工作。那麼，為什麼我們無法成為「超級生產者」呢？簡單地說，有太多東西讓我們分心了。你知道亨利·

132 Richard Branson，一九五〇～，英國維珍集團（Virgin Group）董事長。

大衛・梭羅（Henry David Thoreau）是怎麼寫出《湖濱散記》（*Walden*）的嗎？他住在森林裡。他沒有要洗的衣物害他分心。沒有電話；我開玩笑的，但這部分是事實。因為我們隨時可以接觸任何事情、任何人、任何地方，我們便更難專注於手邊的工作，這可能就是並非人人適合在家工作的主因。有辦法在家工作的人，部分當歸功於他們能夠聚焦在他們需要做的事情而不分心。這不是說辦公室裡會分散注意力的東西不夠多（搞不好更多），而是取決於你有什麼樣的同事，你說不定在家工作更有效率，因為你的貓不會沒事站在你辦公室門口鉅細靡遺地告訴你昨晚《龍族前傳》（*House of the Dragon*）發生了什麼事。

要提高生產力，沒有一體適用的處方，不過倒是有幾條重要的準則可以依循。有生產力可歸結為下面幾項要素：

- 明白自己如何可以把工作做到最好
- 保持井然有序
- 重視結果勝過產出

趣聞：哈瑞・杜魯門[133]很喜歡講這句話：「如果你不在乎功勞歸誰，你的成就將十分驚人。」我認為他在他的時代功業彪炳、成就偉大，但你可以想像，如果我們所知道的只是冰山一角，會是什麼情況嗎？

誰有生產力？瑪莎・史都華[134]

早在名字家喻戶曉之前，瑪莎・史都華兼差當模特兒和臨時保母，忙著掙錢度過她的青春年華。她大學期間都在做模特兒工作，而在股票經紀人生涯結束後，她兼差做起外燴生意。一名皇冠出版（Crown Publishing）的編輯親眼目睹她承辦宴會的本事，迅速跟她簽下一本食譜的合約：《情趣生活》（*Entertaining*）。她的媒體帝國就此鴻圖大展。史都華從來沒有停止工作，她一直撰寫新的食譜、主持自己的電視節目、上《歐普拉・溫芙蕾秀》（*The Oprah Winfrey Show*）和《艾倫・狄

133 Harry S. Truman，一八八四～一九七二，第三十三任美國總統。

134 Martha Stewart，一九四一～，波蘭裔美國作家，二〇〇四年曾因內線交易入獄服刑五個月。

珍妮秀》（*The Ellen DeGeneres Show*），後來還跟史努比狗狗[135]合作podcast。甚至在入獄五個月期間，史都華仍在工作，成為獄友和有關當局之間的聯絡人。再加上擔任多個品牌的合夥人、客串、拍廣告，和撫養一個女兒，沒有人能否認，瑪莎．史都華著實生產力驚人。

我們看到什麼？

你必須知道自己該做何準備才能獲得高生產力的成功。這基本上就是讓你的大腦在不分心的狀態下，做它做得最好的事，以及為此找到適合的環境。如果你有在家或不在家工作的選項，你務須了解哪種情況比較適合你。工作的時候，要記錄你當天的生產力變化。找出何時是高峰，何時是低谷。依此做規劃。

掌控一切

神經科學家及作家塔拉．史瓦特（Tara Swart）寫道，推理、解決問題、計畫和執行，是推動高生產力者前進的大腦功能。她說，如果你面對著反覆、乏味的工作，不斷受到干擾，甚至有野心過大的待辦事項，這些功能是可能拋錨，或完全熄火的。

我最喜歡的「生產力駭客」之一，就與消滅那種扼殺生產力的待辦清單有關。那其實已經超過一百歲了。一位名叫艾維．李[136]的紳士為查爾斯．施瓦布[137]設計了一套能大幅提高生產力的方法：協助他們聚焦在少一點事情，以便成就更多。那簡單又有效。

艾維．李的方法

步驟一：寫下當天你想要完成的六件最重要的事。

步驟二：排定順序——對某些人來說，先做比較小的任務效果最好；對其他人來說，先完成少見的大事成效較顯著。

135 Snoop Dogg，一九七一～，美國饒舌歌手，被喻為美國西岸嘻哈界的教父。

136 Ivy Lee，一八七七～一九三四，美國公共關係專家、主要替洛克菲勒家族（Rockefellers）進行公關工作，可說是現代公共關係的鼻祖。

137 Charles Schwab，一八六二～一九三九，美國鋼鐵業企業家，一九〇三年創立伯利恆鋼鐵公司。

步驟三：做完清單上的事情。

步驟四：把你完成的事情劃掉。劃掉待辦事項帶來的多巴胺，大家都喜歡，對不對？

步驟五：重複。

我的團隊大多有他們自己的待辦清單系統，和適合他們的生產力策略。App、電子郵件提醒、紙筆——你用什麼方法無所謂；重點是，要去做。

結果重於產出

我跟大夥兒一樣愛用度量（metrics），度量當然有它的地位，但用產出來測量生產力已經過時。當我們全都待在工廠或田裡，當新技術讓我們得以用同樣的時數做更多工作時，測量產出有用。但那無法貼切地適用於企業世界。（雖然企業世界大多認為可以。）

我面試過一位女性描述了一個KPI（關鍵績效指標）殺傷力過強的例子。她任職的公司管理不善，所以老闆聘了兩位所謂管理專家進來翻轉公司。為了讓你明白大腦的力量：這兩位中的一位是退休後復出，不知道社群媒體怎麼運作。我面試的女性非常尊重她前一個職務，但也指出，「豐田生產管理系統」（Toyota Production System）對她銷售行銷團隊的效果，沒有像對製造部門那麼好。然而，她被要求將她工作的每一個部分轉化為度量。

她填了所有試算表、數字和資料，但她認為到頭來真正重要的是結果，而非產出。她每星期可以做出X個網站改進事項、帶來Y個潛在客戶、降低廣告支出Z個百分點，但沒有被追蹤或評價的是銷售，或銷售是如何達成的。公司叫她繼續更新試算表，不要浪費「沒有生產力」的時間尋找與潛在客戶更好的溝通方式，或用A／B測試數位廣告探究哪些有效哪些無效。只追蹤產出，就沒有多少空間給創造力、發現，或創新了。但若換成關注結果，就可能帶動真正有意義的生產效率。

來自獨角獸的報告

我們的調查顯示，有5.72%的受訪者表示他們有突出的生產力。毫無意外，他們也是給出最穩健可靠的答案、提供最多生產力秘訣的受訪者。

有生產力的育兒觀念

我們最近發現的一個趨勢是，（毫無意外，）成為爸媽會使你的生產力加速運作。亞曼達（Amanda B.）說：「對我來說，關於生產力這回事，最大的心態轉變發生在我們有小孩的時候。我知道我可以花額外的時間工作，超級一心多用，投入時間做無關緊要的事情。或者也可以聚焦在最重要的工作，投入零碎的時間來快速完成案子，照優先順序調配精力，以便釋放出更多時間陪孩子和家人。」

「我向來以為自己很有生產力，但成為母親又讓我更有生產力了。」凱西（Kathy C.）說。「為了平衡時間、做完事項，我得找出最好、最有效率的工作方式。因為時間卡得很緊，工作必須在分配的時限內完成。」

完成事情，贏得尊重

賈米（Jamie G.）說：「我已經學會管理時間心力；我每天就只有那麼多時間可以生產；我不喜歡把時間花在事情上；我喜歡把時間投入創造成果；如果我覺得『忙不過來』，會回頭重新評估；我比較想要有生產效率。」

史蒂芬妮（Stephanie R.）說她的生產力有助於工作穩定。「多年來常有人告訴我，若要找人頂替我的任何職務，都得找超過一個人。我四個鐘頭可以做完的事，別人要花六到八小時。我是很有責任感、只想完成工作的人，我喜歡看到成果。」

珍妮佛（Jennifer J.）說她的生產力幫她贏得主管的尊重和信任。「接任最近的職務後，我前十八個月都在別的城市工作，沒有跟其他隊友，以及我的主管在一起。我務須證明這種工作安排是成功的。」她說。「我也在組織裡成立新的部門、從零開始建立新團隊、並擬定未來兩年的計畫。我開始設定兩個月為期的延伸目標，並與主管分享；我每兩個月寄一封 email 給他，內容包含之前的報告、每一個案子的近況更新（理想上只有兩個字：完成），以及我未來兩個月的目標。我也會分享不在我目標清單上，但我已完成的額外計畫。這麼做有兩個目的：讓他知道我雖然離他們很遠，仍努力貢獻和完成的一切，也讓我繼續為前進負起責任，如果他覺得我的策略偏離軌道，也可以批評指教。四年後我回來與隊友並肩作戰，但仍一年做六次報告。我的主管告訴我好多次，這對他的幫助有多大。」

馬琳（Marlene A.）說她的生產力為她贏得主管的信任。「我盡我所能有效運用時間。」她說。「我建置了一個系統，會回覆每一封 email 和電話，並將 email 分門別類、排定優先順序，讓我知道該先從哪裡著手。我的日子常被其他案子綁架，但我仍把和別人溝通列為優先。我的主管都知道，只要給我案子和時限，就可以指望我漂亮地如期完成。」

為什麼招聘經理喜歡有生產力的人？

生產力可以追蹤，而每一名經理都知道，測量有生產力的人，會讓整支團隊看起來很優秀。

在職場培養生產力的秘訣

- 放鬆箝制。這聽起來也許違反直覺，但研究顯示，員工在依自己的方式和較有彈性的進度工作時，生產力較高。
- 別用下一個案子獎勵生產力。如果某名團隊成員完成任務且超乎預期，請用時間或榮譽獎勵那個人，別塞更多工作給他。
- 示範何謂負責任的時間管理。
- 尊重每個人的時間，開會不要失焦，且要盡可能明快。

我們怎麼做？

獨角獸不只具有生產力，他們還知道用哪些方法最能提升生產力。

天天設定可達成的目標

布雷特（Brett R.）說，要找出最適合你的待辦清單。「我學會建立詳細的待辦清單，分門別類，且排定優先順序。」她說。「雖然我用好幾個數位系統做這件事，但我發現實際寫在索引卡上更能幫助我處理每一項任務，並牢牢記住。我也會把索引卡擺在桌上，讓我清楚見到每一天需要完成什麼。我一次聚焦於一項任務，完成後才轉往下一項。我發現多工（就多數任務而言）其實效率較差，因為我的注意力分散了，使我無法投注最佳的心力。」

安潔拉（Angela S.）說要相信清單。「從我有記憶以來，列清單一直是我的作風。不管是待辦事項、正反意見表，或購物清單——如果我想發揮生產力，就必須設定目標和達成或（但願）超越那些目標的日期。我們很容易卡在忙碌的工作中，忘了進行對我的工作、老闆和教會富有成效的計畫和任務。我的座右銘是：

『永遠把要事當要事。』」

泰瑞（Terry L.）說不管你如何設定目標、如何保持專注，關鍵在於有條不紊的規劃。「我為了提升生產力所採取最重要的方法，是凡事做好規劃。只要知道某天我的行事曆上有什麼，我就絕對不會措手不及，或毫無準備。」他說。

他也擁有在會議期間保持專注的好本領：「我從來不帶筆電去開會，以免自己分心，我永遠只帶筆和筆記本。我也試著小心把會議的間隔拉開一點，避免過度勞心傷神。我絕不完美，但我發現不完美恰好幫助我待在軌道上，產出我賴以成名的高績效。」

認識自己

梅森（Mason P.）說，認識適合你的工作方式，對於解鎖你的生產潛力格外重要。「要維持生產力，我認為最好的秘訣是認清你的工作節奏，並且時常評估季節如何影響你的節奏。」他說。「根據當季的限制，機動調整你要花在一項行動上的時間，就可以維持甚至提升生產力。另外，經常評估成效，對於高品質的生產非常重要，因為如果只是『忙』，就不是真正具有生產力了。」

視需要多試一些策略！

維朵琳（Victorine M.）告訴我們：「幾年前，我工作上的生產力習慣很糟，每當我設定目標，都會因為找藉口拖延而無法完成，因為我認為生產力不是屬於我的東西。我知道必須有所改變，於是展開一段研究調查、自我發現的旅程、最後竟執著於生產力，進而改變人生。我潛心探究成功人士是如何辦到的。我列了超過五十項提高生產力的秘訣和竅門，一一嘗試，發現有些不適合我。我留下有用的，繼續做，而那改變了我一生。現在我以自稱『有生產力的人』、『解決問題的人』，能夠克服周遭與世界的挑戰為榮。我已經完成我以前從沒想過可能完成的目標。」

維朵琳分享了一些讓她維持生產力的務實方法：

一、每天寫下三件最重要的任務。
二、排除會分心的事。
三、停止一心多用。
四、別再當完美主義者。
五、早點起床。

六、運動。
七、設定有意義的目標。
八、別再什麼都你自己做。
九、減少參加會議的次數。

有生產力的重點

- 有生產力和忙碌不盡相同，請務必了解。
- 每個人有不同的生產力招式。全部嘗試看看，找出適合你的。
- 追蹤你的生產力。這不只對年終考評和有關工作的對話有極大助益，更能讓你自行了解什麼最適合你。
- 工作時哼首愉快的歌有助於提高生產力。不過要先徵得你的同事／森林朋友同意才行。

12・目標導向

The
Purpose Driven

個案研究：目標導向的獨角獸

「我覺得我還沒實現我想要實現的目標，就算我每天都會收到女孩兒寄來的email，告訴我『程式設計女孩』[138]已經為她的人生帶來改變，」瑞詩瑪·蕭哈尼（Reshma Saujani）說。「我還沒完成。」蕭哈尼是難民之女，成長過程對於美國給予她家人的機會滿懷感激。她說這很早就灌輸她回饋的動力，點燃她參與公共服務的熱情。

蕭哈尼創立「程式設計女孩」的目的在賦予女性和女孩力量，追求和男性一樣的機會——以及薪水。眼見因為上程式設計課的女孩人數太少，導致擔任科技要職的女性寥寥無幾，蕭哈尼被激發出要為這種情況做些什麼的動力。「如果我們美國女性是為了養家餬口和支付房貸而工作，那我們最好確定她們獲聘的是待遇良好且符合她們價值的工作。這就是為什麼我大力提倡電腦工作，因為電腦工作就是這樣的工作。」她說。

蕭哈尼是人人都可以實現美國夢的活生生例子。她熱衷於為每一個人創造空間——移民也好、女性也好、年輕人也好；她相信多樣化是創新和解決問題的關鍵。正因如此，對蕭哈尼來說，讓更多女性加入科技業合情合理：「我相信如果我們想要治療癌症，我們得教女孩程式設計；如果想為氣候變遷做點什麼，得教女孩程式設計；如果想要解決我們城市和國家裡無家可歸的問題，就教女孩程式設計。女孩是能創造改變的人。」

每個加入敝公司的人都要從薪水裡撥錢做這件事，敝公司也繼續贏得「最佳工作地點」和「頂尖企業文化」等獎項。為什麼？人們為我們的理念而來，我們聘用的員工都受到超越金錢的明確理念驅使。培養你的「為什麼」觀念，能促使你身體力行。這一章將協助你發展你的「為什麼」，以及將你的「為什麼」投射於身邊眾人，讓他們克敵制勝，不可取代。

138 Girls Who Code，二〇一二年由本段討論主角瑞詩瑪・蕭哈尼創立於紐約的國際組織，旨在鼓勵女性進入電腦科學領域。

我們知道什麼？

二〇一八年，全球的目光都被這則新聞吸引：十二名泰國男孩和他們的足球教練被困在國家公園的洞穴中。洞穴突然被水淹沒，而當有關當局抵達洞口，看到男孩的腳踏車和鞋子，便明白大事不妙。幾小時後泰國海軍海豹突擊隊部署完成，幾天後全世界都前來搭救。

這起泰國洞穴營救行動的情況實屬罕見，而其主要目標確切無疑：救出男孩。沒有灰色地帶，沒有政治疑慮，各國都趕來協助泰國政府，洞穴救援潛水志工也從英國抵達。那十八天，一萬多名目標導向者從全球各地湧入，盡他們所能支持救援行動。當地人為志工燒飯洗衣；附近農民同意讓自己的農田被水淹沒、作物毀損，好讓洞穴裡的水轉向；男孩的同學守夜、祈禱、摺一千隻紙鶴；數十個政府局處增援，從曼谷調派水務工程師，以及百位潛水志工到場協助，最後奇蹟似地救出全部十三人。

負責救援任務的官員是納隆薩（Narongsak Osatanakorn）。任務結束時，他告訴記者：「任務能夠成功是因為我們擁有力量——愛的力量。大家都給予那十三個人滿滿的愛。」

如果愛不是最高目標，我不知道什麼才是。

日常目標

感謝神，像睡美人洞[139]救援行動這樣的事件少之又少，但你不需要世界級的災難就能做到目標導向。平常、日常的目標也能驅動目標導向；唯一的差別是，這些目標加起來大於部分的總和。

獨角獸知道事業成就取決於兩件事：

一、擁有強大的目標感。

二、找到目標與你一致的組織。

花點時間思考一下，「擁有目標感能為一個人做些什麼？」這就是康乃爾教

139 Tham Luang，位於泰國北部清萊府靠近緬甸國界。

授安東尼・布羅（Anthony L. Burrow）花了大半學術生涯研究的事。擁有目標感是真有好處的，其中最重要的是：有目標的人通常比較長壽。但這個統計背後究竟是何意義呢？布羅發現，擁有目標能助人保持心理穩定。在一項研究中，他發現有目標的人能用平靜的心情來因應順境及逆境。

工作時的目標導向

麥肯錫公司[140]深入探究了後疫情時代工作場所的目標，他們發現 COVID-19 導致三分之二的工作者，開始重新評估他們的工作和人生目標。（哈囉，大辭職潮你好。）不過這到底是件好事，因為它強迫個人和組織重新發掘和定義他們的目標。大辭職潮的最好結果是企業重新洗牌：人們脫離現有的工作，找到目標與之契合的地方。

麥肯錫的研究發現，當員工覺得他們的目標與組織目標一致時，好處包括「員工更敬業、更忠誠，以及更願意推薦公司給別人。」當你擁有目標，也找到目標與你一致的組織時，你和你的雇主都能受惠。

趣聞：二〇二二年的電影《十三條命》（*Thirteen Lives*）由朗・霍華（Ron Howard）執導，改編自泰國睡美人洞救援行動。維果・莫天森（Viggo Mortensen）和柯林・法洛（Colin Farrell）飾演率先找到受困男童的英國洞穴潛水夫。莫天森告訴《綜藝》（*Variety*）雜誌，這部電影描繪了「當人們正向思考時，事情可能如何轉變的絕佳例子，而那與現今多數人——當然包括政客——的思考方式截然不同。」

我們看到什麼？

范德布洛曼的願景是，透過校準有利成長的人事方案，如雇用、薪酬、繼任、

140 McKinsey & Company，簡稱麥肯錫，為一所由芝加哥大學會計系教授詹姆士・麥肯錫創立於芝加哥的管理諮詢公司，營運重點是為企業或政府的高層幹部獻策、針對龐雜的經營問題給予適當的解決方案，有「顧問界的高盛」之稱。

文化、顧問等，來為團隊提供更遠大的目標。在我們的客戶中，我們已經和五十多個基督教派共事過，明白他們擁有各自的獨特信仰和需求，因此我招聘時會尋找目標與我們一致的應試者。我們得放棄其他方面很理想，但違背范德布洛曼所珍視的價值、不尊重所有信仰的候選人。

這就是為什麼不論對組織或個人來說，目標導向都很重要，清楚定義「為什麼」可以省下很多時間和心碎。你曾為你的組織聘用過行銷代理商嗎？如果有，我敢說他們提出的第一件事，是定義你的使命、願景和價值觀。為什麼？未必只是為了拿到十五萬美元，和八小時有得吃、有得喝的探索時間。會這麼做的代理商都明白，若執行得當、定義正確，你的使命、願景和價值觀會左右你的企業做成的決定。這些帶給你目標，而目標就是貴公司的試金石。

來自獨角獸的報告

應答者中，有11.3%說目標導向是他們最大的優點。對他們來說，目標導向是一種生活方式。

使焦點和決定更清晰

戴珀（Deb S.）說她永遠與目標共存，但一場重傷迫使她名副其實縮小了她的目標。「我一直受目標驅使，我學會保持好奇、為我的時間排定明確的優先順序，並且在我的行程裡留點空白，我會更有效率。當一隻眼睛受傷迫使我慢下來，我學會斟酌輕重緩急，因為在六個星期內動了兩次眼科手術後，我的視力大不如前。我就是沒辦法再像從前那樣做我的工作了，於是我學會只做那些能推進計畫、滿足我服務對象需求的事情。隨著我放棄讀大部分的 email、計畫在我的顛峰時段做最困難的事，我整個人生變得更聚焦了——不是雙關語。這樣的好處到現在仍以各種方式浮現：較輕的內壓、團隊裡更明確的溝通，以及更高的成效。」

亞當（Adam J.）認同目標的力量，說：「明白你為何工作的動機，天天擺在你心裡最重要的位置，最終必將改變你作決定、排序和管理時間的方式；甚至會衝擊對工作的情緒反應，例如增進恢復力和提高滿意度。」

「我學會聚焦於原則，而非性格。」葛瑞格（Greg M.）說。

獨角獸喬（Joe M.）：「有位恩師真的幫助我理解何謂目標導向，他告訴我永遠要尋找『為什麼』，這讓我和我的團隊得以專注於任務上。如果你無法回答『為什麼』，就顯然不該去做。」

重振目標

羅伊（Roy R.）說目標導向有助於賦予計畫生命。「明白『為什麼』真的能讓你做事更有效率，且具有更大的優勢；這固然帶來挑戰，但也帶來成長與知識。我們有一項計畫參與度年年衰退，檢視過該計畫的確切目標後，我們能夠換個角度看待，並與我們想要接觸的對象進行更好的交流。我們見到我們的組織內部，以及計畫的參與者都對它更有熱忱了。」

幫助他人

「我向來被稱為多樣化／包容及高階管理的主題專家。」馬可仕（Marcus H.）說。「我擔任過數個組織的總裁和執行長，而透過那些組織的計畫，我已經影響了成千上萬年輕人與家庭的生活。我的熱情引領我到達一個，可以為許多人創造實質不同的地方。」

「我花了好些時間才找到我的使命，但就算找到了，我仍不打算實踐它。」盧迪（Rudy L.）說。「要經過很多年，經過一場差點使我結束生命的健康恐慌，我才終於獲得不惜代價追求它的信心。我終於開始實現我的目標了，我變得更滿意我的人生，我的成果也逐步提升。我的行動更已直接造福世界各地成千上萬人。」

為什麼招聘經理熱愛目標導向者？

明白你的個人目標和了解公司的目標，是判斷你是否最適合那個職務的第一步。及早確定雙方目標相契合，將能省下招聘經理與公司的時間、心力和金錢。

培養目標導向職場的秘訣：

- 使命一定要清楚。
- 了解什麼可以激勵你，什麼可以驅使你的團隊。

• 一「逮到」團隊成員實現目標，就慶祝一番。

誰是目標導向？雷嫚・葛波薇[141]

葛波薇是西非賴比瑞亞的年輕媽媽，卻中止了蹂躪國家十四年的內戰。殘酷的內戰是總統（或說獨裁者）查爾斯・泰勒（Charles Taylor）和部落軍閥之間的爭鬥。數萬民眾死的死、傷的傷、被強暴的被強暴，他們的住處被燒毀、孩子被迫從軍、基礎建設與安全盡成廢墟。一天晚上，葛波薇夢見上帝叫她「集合所有女性禱告！」所以她這麼做了。葛波薇先邀集與她同路德教會的女性，之後更廣邀全國各地、希望為自己和孩子改善境遇的平凡基督徒和穆斯林女性。她們發動為期數個月的非暴力抗爭，包括在高官宅邸對面的農田裡靜坐。

泰勒總統最後同意接見那些女性，並答應出席和平談話。當和平談話陷入僵局，原本在飯店外面靜觀的葛波薇和數百位女性，便齊步向男人開會的房間行進。當男人未獲共識就企圖溜走，葛波薇宣布在場女性不會允許他們在達成和平協議之前離開。幾天後，和平協議達成，二〇〇三年八月十八日，賴比瑞亞內戰結束。二〇一一年，葛波薇獲頒諾貝爾和平獎。

我們怎麼做？

我們在范德布洛曼召開的每一場會議，都是由連結我們的願景開始，接著討論我們前一個星期看到我們價值觀落實的情況。這對我來說是個絕佳的機會，因為可以分享別人是如何看待我們的目標。我會告訴團隊我在高爾夫球場的邂逅，或是我在外用餐的奇遇，而我十之八九會碰到聽過敝公司和我們傑出團隊的人。

141 Leymah Gbowee，一九七二～，賴比瑞亞和平運動人士，二〇〇三年終結第二次賴比瑞亞內戰，二〇一一年與其他幾位女性共同獲頒諾貝爾和平獎。

這告訴我們：我們的目標走在我們前面了。然後我們會向一名「路上的顧問」請益，顧問會跟我們視訊，幫我們更新其合作客戶的近況；他們會討論客戶與我們共有的種種「范德價值」和其他正面的消息。接下來，我們一位內勤隊友會站起來告訴我們，那個星期有哪位同事將「范德價值」付諸實行。從外面的世界到我們的辦公室，我們的目標都在運作。

目標無法假造

要做到目標導向，你必須先夠了解自己、明白你的熱忱和興趣何在。我們很難為外在的目標驅使，甚至根本不可能，因為目標必須來自內心。

如果你對你確切的目標不太有把握，仰賴領導人可能有幫助。傑出的威利（Willie M.）寫道：「找到一位典範來教我怎麼過目標導向的生活，對我大有幫助。」如果你還沒辦法完整、清楚地表達你的目標，不妨觀察你崇拜的人，試試他們的目標看是否合適，而我跟你保證，你很快就會找到你的目標是什麼——或者不是什麼。

問自己為什麼

獨角獸總會問為什麼，我有好多這樣的例子，很難只挑其中一些。以下是我最喜歡的幾個。

羅伯特（Robert M.）說：「我覺得如果你不知道你為什麼要做一件事，那你就只是瞎忙而已。我身為領導人的職責就是要確定同仁知道為什麼，知道目標，以便建立動力、集中願景、實現目標。」

「能夠回答『為什麼』的問題，讓我更清楚自己究竟該做什麼。」湯姆（Tom I.）說。「身為領導人，這也幫助我向我的組織明確地陳述。我是這樣愈做愈好的：只要是團隊一起作的決定，我們都要一再、反覆詢問『為什麼』的問題。」

丹尼斯（Danese C.）說：「『為什麼』的問題促使我在其他所有領域表現突出。如果不知道『為什麼』，或沒有目標，一切都了無意義。了解『為什麼』，才能帶來真正的滿足感。」

「我很早就知道，我們不保證有時間。」威廉（William B.）說：「因此，我們不需要把大部分的時間花在次要事情上，不需要把時間集中投入徒然令人分心的事物。我們必須了解我們為何而存在——我們為何是我們，為何在這裡，我們的目標是什麼——然後我們必須組織起來、通力合作來實現我們的『為什麼』。」

提煉它、鑽研它

一旦找到你的目標，請抓住它，放在心裡最重要的地方。把你的目標提煉成少少幾個字，愈少愈好，然後一有機會就鑽研它。

獨角獸非常清楚自己的目標。一位問卷的回覆者布萊恩（Brian M.）告訴我們：「我建立了個人的願景和價值觀，我每星期都複習一遍，加深印象。」

另一位布萊恩（Brian M.）告訴我們，他的目標可做為評估他溝通優劣的指標：「對我來說，很重要的是盡可能簡化我的目標和團隊的目標，好讓它能有效地被他人記住和分享。我把我的目標歸結為兩個字，這有助於迅速、明確地將『為什麼』傳達給新的團隊成員。因為已經簡化成兩個字，所以我可以拿它做為評判的基準：問我的隊員我們在做什麼。如果他們答得出那兩個字，那就表示他們了解了；如果答不出來，我就知道我得更清楚地向其他人說明我們的目標是什麼。這樣的明確性，對於我的領導力和我的團隊都造成最強烈的衝擊。」

時常問候你的目標

傑出的蓋瑞（Gary R.）說：「我天天都會提醒自己『為什麼』。我是從比較籠統的目標感開始，後來進步到我個人獨特、具體的目標。那使我每天集中我的心思和靈魂，重新聚焦在目標上。那幫助我不再漫無目標地作白日夢——創意人士惡名昭彰的東西，並幫助我設想達成目標的最佳途徑。」

讓你的目標發揮作用

就算已經印在便條紙和你的信頭上——甚至是你的額頭上——你都必須主動確認目標落實的情況。若你的目標是試金石，決策就會讓人心領神會。傑出的安德魯（Andrew M.）和我分享一些早期他讓目標做繁重工作的經驗，他的領導人教他和團隊「千萬不要只為了做某些活動而做某些活動，或因為『我們一直都是這樣』而沒事找事。相反地，我們要時時記得『為什麼』。要以那為前提刻意規劃服務、活動、避靜[142]和小團體。這麼一來，我們的團隊就能團結一致，我們的組織就能欣欣向榮。」

幾年後，安德魯說他還在沿用這個技巧。「從那個時候開始，我就帶著那些課題跟我一起進入我擔任的角色，成效一樣好。那證明目標導向的領導力是高效團隊的基本要素。簡單地說，擁有適當的願景能讓我們專注於任務和鎖定靶心。」

「目標導向驅使我繼續精進其他十一種特質，」布萊恩（Brian L.）說。「迅速反應、真誠、靈活、解決問題、先發制人、準備充分、自知、好奇、廣結善緣、討喜和有生產力，全都是幫助我在核心目標上更見成效的技能。對我來說，是目標導向帶動其他一切。」

超過11%的應答者說，目標導向是他們最重要的特質。這一點也不意外，因為不確切了解你的目標何在，你是不可能成為獨角獸的。正是目標賦予你熱情來運用其他獨角獸特質——就算可能沒那麼強——成就真正不凡的自我。

目標導向的重點！

■ 找出你的「為什麼」，試著找到與它一致的工作地點。就這樣。其他將水到渠成。

142 Retreat，基督宗教信徒的靈修方式之一，主要在一個與日常生活隔離的完善時空中靜默，做個人的深度祈禱和自我省察。

結語——接下來呢？

在紐約曼哈頓島的最北端，有一間名叫「修道院」（The Cloisters）的博物館，收藏著大都會博物館的中世紀藝術及建築作品，其中最吸引人的莫過於《獨角獸掛毯》（*Unicorn Tapestries*）。這些是一系列製作於十五、十六世紀之交，編織繁複的壁掛，描繪——你應該猜到了，一頭獨角獸和它被俘的情況。雖然他的故事充斥著獵犬、極欲抓他神奇獨角的人，以及他死去的場景，最後一幅卻呈現復活的獨角獸似乎對他的新處境感到滿意：戴著昂貴的錦緞項圈，恬靜地坐在一棵果樹下。人們想要這頭獨角獸，人們找到了這頭獨角獸。現在，這頭獨角獸坐在尊榮之地，為深知他有多特別的民眾開始讚頌與珍視。

希望這本書能幫助你找到這樣的地方。

我有句話常在工作時說：「如果你見過一個客戶，那你只是見過一個。」我說這句話的意思是，我們合作過的非營利組織、教會或其他任何組織，沒有哪兩個是一模一樣的。我始終沒辦法說：「噢，這個客戶有點像我們兩年前合作過的那個；我們應該可以如法炮製。」因為這種事從來沒有發生過。每一個組織都不一樣。

我們無法預測未來有什麼樣的挑戰在等著我們，但我們可以作好準備。只要培養、發展這十二項特質，我敢跟你保證，你就已準備就緒：你將成為領導人、賢者、願景家。你將成為獨角獸。

致謝

有太多、太多人參與這項計畫，封面實不該只有一個名字。

沒有范德布洛曼團隊孜孜不倦的努力，這本書絕對不會問世。自十五年前開業，大夥兒便齊聚一堂，試著藉由提供人事方案協助我們的客戶走得更遠、更快。對任何組織來說，最重要的人才招募或許就是找到合適的團隊成員。如今我們已經面談過三萬多名最高階的應試者，而這些年來我們蒐集到的資料，就是這本書的緣起。

但一個概念和一些資料只能提供一本書的開場，早在其他人知道這件案子之前，HarperCollins的提姆．伯加德（Tim Burgard）就大力支持，而跟他合作非常愉快。范德布洛曼的創意和行銷團隊不厭不倦地致力讓這本書成真，早在別人相信之前，我的經紀人艾絲特．費多爾柯維奇（Esther Fedorkevich）就是這個構想的啦啦隊長和大使了。而或許比任何參與這個案子的人更甚——我的同事兼供稿人伊莉莎白・鮑爾森（Elizabeth Paulson）為願景付諸行動。沒有她的天賦和努力，這本書也沒有付梓的一天。

最後，我要感謝內人艾德麗安（Adrienne）。除了看男人的品味有點問題，她無疑是最棒的。感謝妳為范德布洛曼成就的一切定調和定速，尤其感謝妳從我身上召喚出那麼多的精力和努力，我以前從不知道自己做得到。妳是就我所知最原始、最優質版的獨角獸，我很榮幸我的人生和工作都有妳相隨。

國家圖書館出版品預行編目資料

獨角獸習慣：1%珍稀人才的做事之道 / 威廉・范德布洛曼 著；洪世民 譯 --初版.--臺北市：平安文化, 2025.8 面；公分. --(平安叢書；第860種)(邁向成功；107)
譯自：Be the Unicorn: 12 Data-Driven Habits That Separate the Best Leaders from the Rest
ISBN 978-626-7650-63-9 (平裝)

1.CST: 職場成功法

494.35　　114009773

平安叢書第0860種
邁向成功叢書 107

獨角獸習慣

1%珍稀人才的做事之道

Be the Unicorn: 12 Data-Driven Habits That Separate the Best Leaders from the Rest

作　　者—威廉・范德布洛曼
譯　　者—洪世民
發 行 人—平　雲
出版發行—平安文化有限公司
台北市敦化北路120巷50號
電話◎02-27168888
郵撥帳號◎18420815號
皇冠出版社(香港)有限公司
香港銅鑼灣道180號百樂商業中心
19字樓1903室
電話◎2529-1778　傳真◎2527-0904
總 編 輯—許婷婷
副總編輯—平　靜
責任編輯—蔡維鋼
行銷企劃—謝乙甄
美術設計—張　巖、李偉涵
著作完成日期—2023年
初版一刷日期—2025年8月

法律顧問—王惠光律師

如有破損或裝訂錯誤，請寄回本社更換
讀者服務傳真專線◎02-27150507
電腦編號◎368107
ISBN◎978-626-7650-63-9
Printed in Taiwan
本書定價◎新台幣420元/港幣140元